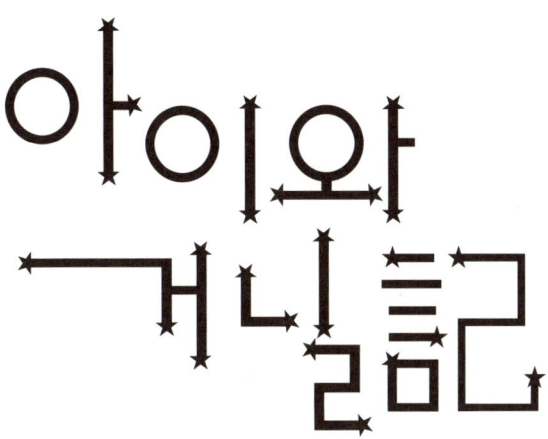

글 / 사진 표현준

YoungJin.com Y.
영진닷컴

Copyright ⓒ2017 by Youngjin.com Inc.
1016, 10F, Worldmerdian Venture Center 2nd, 123, Gasan-digital 2-ro, Geumcheon-gu, Seoul 08505, Korea.
All rights reserved. First published by Youngjin.com. in 2017. Printed in Korea

ISBN 978-89-314-5674-5

독자님의 의견을 받습니다

이 책을 구입한 독자님은 영진닷컴의 가장 중요한 비평가이자 조언가입니다. 저희 책의 장점과 문제점이 무엇인지, 어떤 책이 출판되기를 바라는지, 책을 더욱 알차게 꾸밀 수 있는 아이디어가 있으면 이메일, 또는 우편으로 연락주시기 바랍니다. 의견을 주실 때에는 책 제목 및 독자님의 성함과 연락처(전화번호나 이메일)를 꼭 남겨 주시기 바랍니다. 독자님의 의견에 대해 바로 답변을 드리고, 또 독자님의 의견을 다음 책에 충분히 반영하도록 늘 노력하겠습니다.

이메일 : support@youngjin.com
주　소 : 서울 금천구 가산디지털2로 123 월드메르디앙벤처센터 2차 10층 1016호 (우)08505
등　록 : 2007. 4. 27. 제16-4189호

STAFF

저자 표현준 | **기획** 기획 1팀 | **총괄** 김태경 | **진행** 김연희 | **디자인** 임정원 | **편집** 임정원, 진정희
지도 일러스트레이터 정지인 | **영업** 박준용, 임용수 | **마케팅** 이승희, 김다혜, 김근주, 조민영 | **인쇄** 예림인쇄

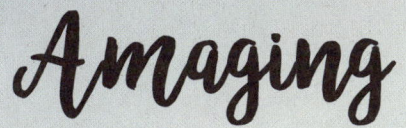

Amaging

아이의 인생에도 겹겹이 작은 역사가 쌓인다.

아이와 걷고 기록하다 보니

거리의 풍경보다 빨리 변하는 아이의 모습을 발견했다.

가끔 오랜 기억을 더듬어 함께했던 곳을 찾아가

현재의 모습을 포개어 보기도 했다.

오늘의 산책은 언젠가 미래를 위한 저축인 셈이다.

10년 후,

서울의 풍경은, 또 아이와 나는 얼마나 변해 있을까?

우리 산책의 기록은 의미가 있다.

목차

들어가는 말 : 저자 표현준

아이의 키를 어떻게 재시나요?

아이는 조금씩 부모 곁에서 멀어집니다. 그것은 행성 간의 운동처럼 막을 수 없는 일입니다. 하지만 세상의 모든 샐러리맨 아빠들은 아이와 충분한 시간을 갖지 못한 채 그 간격을 지켜보기만 할 뿐입니다. 자라는 아이의 키를 높이로 재는 것이 아니라 - 매일 누워 자는 모습만 보니 - '팔을 벌려 폭으로 잰다.'는 우스갯소리가 나올 정도입니다.

매일 아이가 일어나기 전에 출근하고 아이가 잠들면 집에 오는 하루가 반복되던 어느 주말, 아이와 함께 집 근처 홍대로 가벼운 산책을 시작했습니다. 갓난이 때 유모차를 끌고 다니던 곳을 아이와 함께 거닐며 색다른 즐거움을 느낄 수 있었습니다. 아이의 시선으로도 볼 수 있었고, 무엇보다 아이와 함께 공유하는 공간이 자라났습니다. 평범한 길들이지만 우리의 발자국이 겹겹이 쌓여 추억이 되었습니다.

285,208 사랑하면 담을 수 있다

사진을 오래 즐기다 보니 그동안 찍은 필름과 인화지가 작은 창고에 가득 찰 정도가 되었습니다. 첫 개인전을 연 2009년 이후, 모든 필름 카메라를 진열장에 봉인하고 디지털로 전환했습니다. 그 이후 지금까지 담아온 디지털 사진 수를 조회해 보니, 285,208장이었습니다. 8년간 매일 100장씩 찍으면 만들 수 있는 숫자입니다. 일본의 사진작가 '요시히코 우에다'는 2006년 출간한 그의 가족 사진집 'at home'에서 이런 이야기를 했습니다.

'나는 행복한 순간만 담았다.'

생각해 보니 저 역시 파인더의 연장선에 있는 피사체는 늘 반짝이는 것만을 허락해 온 것 같습니다. 풍경에서, 도시로, 사람으로, 그리고 자연스럽게 아내와 아이로 시선이 옮겨 갔습니다. 정신없이 각자의 일상을 소화하고 다투고 슬프고 여느 가족과 마찬가지의 삶을 살아가지만 가족의 일상은 행복한 순간만을 기록했습니다.

사진가 아빠 프로젝트

네이버 개인 블로그에 '아이와 함께 거닐記'의 연재를 시작한 것은 지난 2012년 7월 17일입니다. 처음 올린 글은 방향성도 없이 그저 단편적인 생각을 옮긴 일기와 다를 바 없었습니다. 하지만 이 포스트가 소중한 이유는 정기적인 기록을 전제로 한 첫 번째 산책이기 때문입니다. 그 후로도 몇 번 더 같은 곳을 찾아 갔지만 숱한 일상에 희미하게 중화되어 또렷이 생각나는 것은 오로지 그때의 기억뿐이었죠. 흔한 CF의 카피처럼 기록이 기억을 지배한다는 사실, 또 사진을 담는 것에서 한걸음 나아가 일상을 기록하는 것의 가치를 알게 되었습니다. 이후 매주 약속을 지킬 수는 없었고, 모든 산책을 기록으로 옮긴 것도 아니지만 초등학교 저학년까지 주말에 여건이 허락하면 아이와 함께 가벼운 마음으로 산책을 했습니다.

느린 산책자를 위한
안내서 : 저자 표현준

여행지를 소개하는 책은 많습니다. 여기서 우리가 만들고자 하는 것은 여행서가 아닙니다. 느리게 걷기를 희망하는 산책자를 위한 안내서입니다. 혼자일 수도 있고 친구나 애인, 혹은 노부모와 함께 동행할 수도 있습니다. 사실 함께하는 이가 누구냐는 중요하지 않습니다. 우리의 특별함은 속도에 있습니다. 아이와 같이 느린 속도로 천천히 걸으며 시간을 공유하는 '산책記'를 소개하고자 합니다. 여행기가 아닌 '거닐記'를 꼼꼼하게 책으로 담아 공유하고 싶습니다.

길치, 도시에 살면서 도시가 낯선 산책자를 위한 안내서

365일 24시간 로드매니저처럼 아이와 함께하는 엄마와 달리 회사에 매여 있는 아빠는 모처럼 휴일이 와도 아이와 함께 어디를 가야 할지, 무엇을 해야 할지 난감합니다. 일에 쫓겨 살다 보면 누구나 그런 휴일이 있습니다. 마땅히 걸어야 할 곳을 몰라 나서지 못하는 도시 산책자를 위해 믿고 따라갈 수 있는 특별한 산책 코스를 소개합니다. 따라오세요.

본격적인 도시 산책 가이드

지금까지 소개된 시중 서적들은 대략적으로 이어 만든 코스 소개와 장소별 특징이 나열된 정보서가 대부분입니다. '아이와 함께 거닐記'는 아이와 함께한 생생한 체험을 독자가 믿고 따라갈 수 있는 매력적인 가이드가 될 것입니다.

'아이와 거닐記' 페이스북 그룹
https://www.facebook.com/groups/withii/
아이와 함께 걷기 좋은 산책 코스, 맛집, 즐길 거리 등 다양한 소식을 함께 공유하고 소통하는 공간입니다.

아이와 산책 전
필요한 것!

❶ 미리 알려주기

산책 전에 그날 행선지에 대해 자세히 설명해 주고 다니면서 확인시켜 주도록 합니다. 아이들이 쉽게 지루함을 느끼지 않을 수 있는 팁입니다.

❷ 그림자놀이

미로 같은 골목길을 걷다가 아이들이 지루해 한다면 그림자놀이를 시도해 보세요.
그림자놀이란 건물의 그림자를 밟으며 목적지로 향하는 놀이입니다. 햇빛에 노출될 경우 10초 안에 다시 그림자 속으로 들어가야 합니다. 비교적 긴 거리를 걸어갈 때 아이의 지루함을 덜 수 있고, 따가운 햇살을 피하게 할 수 있습니다. 차량에 주의하여 아이의 안전을 살피며 하도록 하세요.

❸ 느린 산책

'원하는 곳에서 시작해서 적당한 거리만'. 산책이라는 이름처럼 아이의 보폭에 맞는 느린 걸음으로, 원하는 만큼만 걷도록 합니다.

❹ 포즈를 요구하지 말자

좋은 구도와 포즈를 강요하지 말도록 합니다. 산책 자체의 목적이 훼손되고, 무리한 요구는 아이를 지치게 할 뿐입니다.

❺ 긴 계단을 만났을 때는 가위바위보

가위바위보를 해 이긴 사람이 10개의 계단을 먼저 올라가는 단순한 게임이지만 아이들은 금세 활기를 되찾는답니다.

❻ 산책은 함께 즐기는 것

산책의 목적은 아이만을 만족시키기 위한 것이 아니라 아이와 함께하는 산책이라는 점을 명심하세요. 어느 한쪽에 편중하기 보다는 둘 다 만족할 수 있도록 적절히 배려하는 것이 중요합니다.

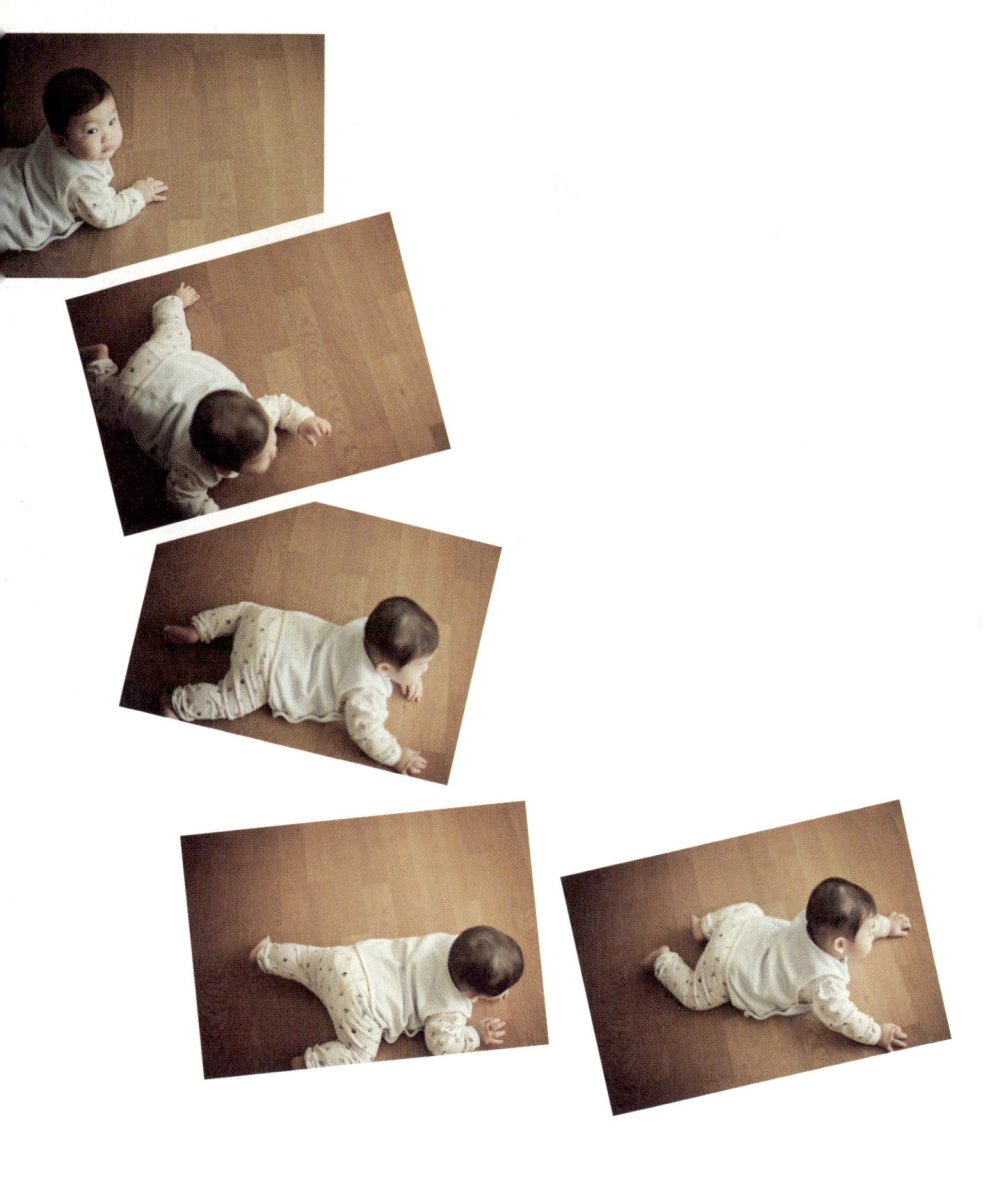

'아이와 거닐記'

아이의 시기는 우물쭈물하는 사이에, 순식간에 지나가 버립니다.

아이가 두 발로 걷기 시작하면서 함께해 온 둘만의 산책,

훌쩍 커버린 아이는 이제 저만큼 앞서 뛰어갑니다.

곧 아빠 손이 더 이상 필요하지 않은 나이가 된다는 사실도

알고 있습니다. 비슷한 시기를 걸어가고 있는 수많은 아빠들과

함께 공감하고 아이와 함께 추억을 공유할 수 있는

작은 노하우를 알려 드리고자 합니다.

아이가 두 발로 걷기 시작하면서 함께 해 온 둘만의 산책

노하우와 길 위의 이야기를 한 권의 책에 담고 싶습니다.

누군가의 말처럼 '아이'와 함께 거닐기가 이대로 멈추지 않고

쭉 계속되어 '(늙은) 아빠'와 함께 거닐기로 이어져도

꽤 멋진 일이 아닐까요?

지난 5년간 함께 산책한

찬유에게 이 책을 선물하고 싶습니다.

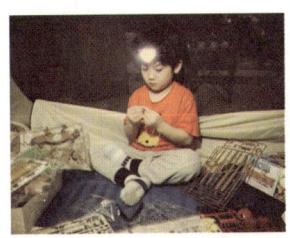
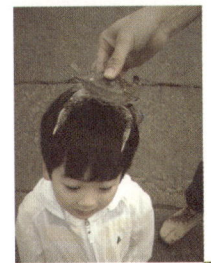

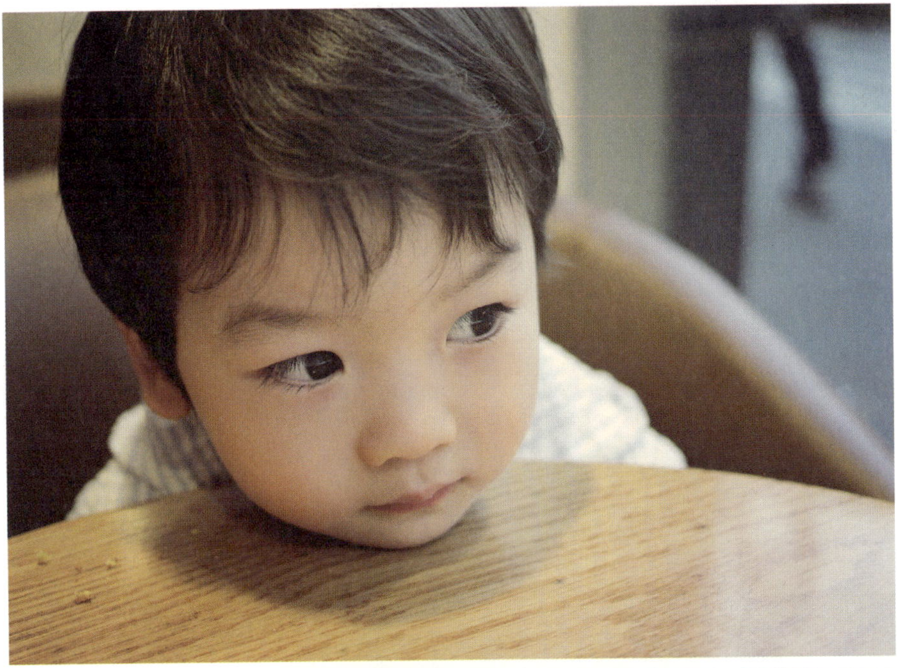

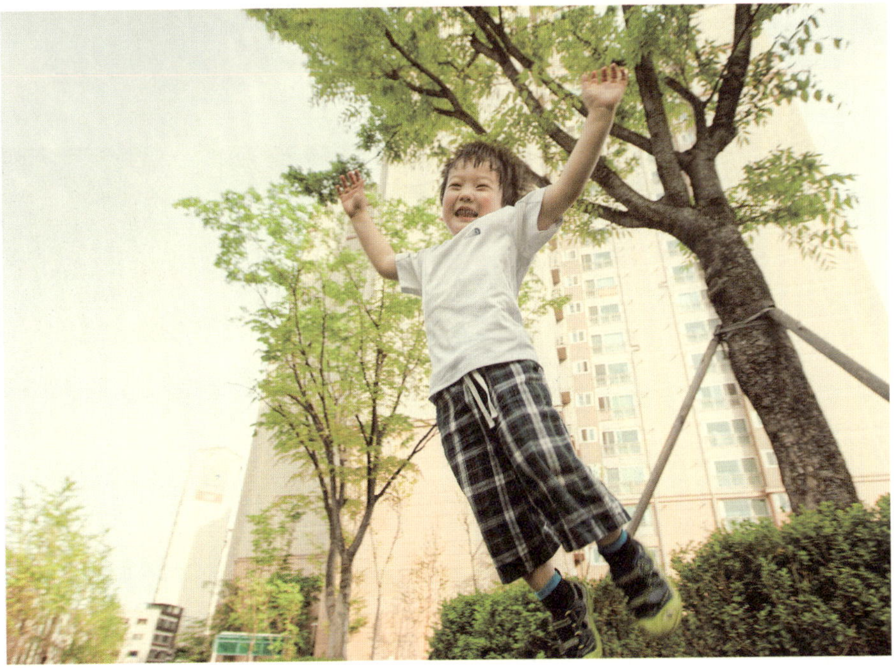

PART 01

지역별 가이드

다양한 테마가 곳곳에 숨어 있는
상암 지구

상암동에는 17만 평 부지 위에 조성된 최첨단 정보 미디어 산업단지(일명 상암 DMC)와 2002년 월드컵을 기념하여 만든 서울월드컵경기장, 그리고 105만 평에 이르는 거대한 쓰레기 매립지 위에 조성된 인공의 자연 월드컵공원 등 넓은 지역에 다양한 즐길 거리가 숨어 있다. 상암 지구는 넓은 지역에 볼거리가 흩어져 있고 각각의 테마가 달라 하루에 둘러보는 것은 어렵기 때문에 산책 코스보다는 지역 위주로 소개하니 목적에 맞게 선택하여 즐기도록 하자.

스팟 소개 ●매봉산 자락길 ●하늘공원, 노을공원 ●메타세쿼이아길 ●평화의 공원 ●디지털미디어시티 ●북바이북

상암 지구는 크게 디지털미디어시티와 월드컵공원
으로 지역을 나눌 수 있다. 디지털미디어시티에서
는 할리우드 영화 어벤져스의 배경이 된 MBC 방
송국 앞 광장을 둘러보고 주변 음식점에서 간단한
브런치를 즐기기에 좋다. 예쁘게 조성된 자연을 벗
삼아 산책을 즐기고 싶다면 서울월드컵경기장 주
변 월드컵공원을 둘러보자. 105만 평의 넓은 공간
에 하늘공원, 노을공원, 난지천공원, 평화의공원
등이 시민의 쉼터 역할을 하고 있다.

❌ 한강 난지 지구(196페이지)로 연계해 산책할 수 있다.

❌ 한강 난지 지구(196페이지)로 연계해 산책할 수 있다.

스팟 매력 포인트

상암동의 숨은 매력, 매봉산을 산책하자.

산책 전 알아 두세요!

상암동 산책은 당일 원하는 테마를 선
택하고 떠나야 한다. 도심 속 즐길 거
리를 찾는다면 DMC로, 자연 체험 이
나 산책을 원한다면 하늘공원과 노을
공원이 있는 월드컵공원으로 가 보자.
월드컵공원으로 향할 경우 아이들이
쉽게 이동할 수 있는 퀵보드
를 미리 준비하는 것도 좋다.

교통편 월드컵공원, 매봉산 산책은 6호선 월드컵경기장역을, DMC는 6호선 디지털미디어시티역을 이용한다.

1 good 스팟 | 상암동의 숨은 매력
매봉산 자락길

매봉산 산책로는 특히 봄이 찾아오는 4월이 가장 아름다운 곳
으로, 작은 동네의 뒷산 같이 아담하여 조용히 산책을 즐기기
에 좋다. 월드컵경기장에서 산으로 연결된 계단을 올라 한 바
퀴 돌아보자. 나무 데크로 만들어진 길과 중간중간 쉬어갈 수
있는 공터도 있어 짧은 산책으로는 안성맞춤이다. 월드컵경기
장 내 영화관, 음식점, 쇼핑 등을 함께 즐길 수도 있다.

✪ 필자가 상암지구에서 꼭 가보길 추천하는 산책로이다.

위치 | 서울특별시 마포구 성산동 420
월드컵경기장역 2번 출구로 나오면 서울월드컵경기장 북문과 보조경
기장 사이에 매봉산으로 올라가는 입구가 있다(지도 표기).

2 스팟

도심 속에서 하늘을 만나다
하늘공원, 노을공원

상암지구에는 강변으로 성산대교와 가양대교 사이에 두 개의 높은 언덕으로 조성된 인공 공원이 있다. 성산대교 쪽이 하늘공원, 가양대교 쪽이 노을공원이다. 쓰레기 매립장에 조성된 자연생태환경공원으로 하늘공원은 조용히 산책을 하거나 앉아서 쉴 수 있는 쉼터를 제공하며 거대한 바람개비와 한강과 어우러진 주변 일대를 조망할 수 있는 전망대가 있다. 노을공원 역시 생태공원의 역할과 함께 도심 속 캠핑을 즐길 수 있는 가족 캠핑장이 어우러져 시민들을 위한 힐링 공간으로 운영되고 있다.

★ 환경보호의 목적으로 편의시설도 없고 매점도 없다.

위치 | 하늘공원 : 서울특별시 마포구 상암동 481-72
　　　※ 하늘공원은 하늘 계단으로 오르거나 주차장 옆에서 맹꽁이 전
　　　　기차를 이용한다.
　　　노을공원 주차장 : 서울특별시 마포구 상암동 482-116
　　　※ 노을공원 캠핑 이용 시 노을 주차장 이용.

3 스팟 | 조용히 걷기 좋은 산책로
메타세쿼이아길

쭉 뻗은 강변북로와 하늘공원의 가장자리가 만나는 곳에 조성된 1km 거리의 산책로이다. 한쪽은 자전거가 지날 수 있는 임도, 나머지 한쪽은 숲 속을 연상케 하는 폭 좁은 산책로로 구분되어 있다. 지하철과 먼 거리이므로 하늘공원이나 한강시민공원과 연계해 찾아가는 것이 좋다. 몇 번의 리뉴얼을 통해 걷기 좋은 산책로로 재탄생되고 있다.

위치 | 하늘공원 입구를 지나 강변북로 쪽에 위치(지도 표기)

4 스팟 | 시간을 잊고 한가로이 공원 즐기기
평화의 공원

유니세프광장, 난지연못, 평화의 정원, 피크닉장, 희망의 숲과 평화잔디광장으로 이루어져 있다. 주말이면 행사도 많고 사람도 많지만 너른 공간을 가지고 있어 곳곳에 한적한 장소가 많다. 가족이나 연인과 함께 찾기 좋은 곳이다.

위치 | 서울월드컵경기장 남문 맞은편 길 건너에 있다.

5 스팟 | 휴일 아침 유유자적 도심 즐기기
디지털미디어시티

DMC는 MBC, JTBC, CJ E&M 등 다양한 방송 관련 기업들이 자리해 있으며, 계획 도시인 만큼 건물의 외관과 조형물들 또한 독특한 형태를 띠고 있어 영화나 드라마의 무대로도 자주 등장한다. 특히 영화 어벤져스에 소개된 MBC 앞 조형물이 가장 유명하다. MBC WORLD 방송테마파크에서는 다양한 체험을 할 수 있다. 겨울이면 상암 아이스링크장이 운영되어서 겨울 스포츠를 체험할 수도 있다. 주변에 먹거리를 즐길 수 있는 카페와 음식점들이 있다.

위치 | 6호선 디지털미디어시티역 9번 출구에서 도보로 10분 거리

6 스팟 | 책방에서 맥주 한 잔
북바이북

상암동 동네 안쪽에 위치한 카페 겸 동네 책방 북바이북은 북콘서트와 드로잉 등의 교육을 제공하는 등 책과 관련된 이벤트가 일어나는 곳이다. 지하에는 소설이, 1층에는 자기계발서, 여행, 에세이 등이 진열되어 있다. 앉아서 책을 볼 수 있는 테이블도 마련되어 있어 커피 한 잔을 즐기며 쉬어가기에 좋은 곳이다.

⭐ 시원한 맥주로 목을 축일 수도 있다.

위치 | 서울특별시 마포구 상암동 19-4
전화번호 | 02-308-0831
영업시간 | 평일 11:00 - 22:00 / 주말 및 공휴일 12:00 - 19:00

SPOT 01

상암 지구

노을공원

● 난지한강공원

예술과 문화가 살아 숨 쉬는
홍대

서울에서 가장 거대한 범위의 유흥가라고 할 수 있는 홍대를 아이와 함께 어떻게 즐겨야 할까? 매력적이지만 섣불리 아이와 가기 힘들었던 홍대의 골목골목을 여행자가 되어 함께 산책해 보자. 비싼 비용과 시간을 들여 다녀와도 아이에게는 코딱지만큼도 기억나지 않는 해외 여행지보다 훨씬 재미있고 즐거운 경험들을 쌓을 수 있다.

코스 소개 공민왕 사당 ···› 와우산(와우근린공원) ···› 13번 버스 ···› 수카라 ···› 아오이토리 ···› 뽈랄라백화점 ···› 홍대 틴틴샵 ···› Cafe de ONE PIECE ···› 홍익문화공원 ···› 홍대주차장길 ···› 1300K ···› 땡스북스 ···› 하비팩토리 ···› 트릭아이뮤지엄 ···› 북새통 / 한양툰크 ···› 카카오프렌즈

산책의 첫 목적지는 공민왕 사당이다. 광흥창역 1번 출구에서 아파트 단지나 마을 골목을 지나 공민왕 사당을 찾아보자. 공민왕 사당에 이르면 와우산으로 오르는 긴 계단을 만날 수 있다. 와우산 숲길을 넘어 중앙하이츠 아파트 정문에서 마을버스 13번을 타고 산을 내려가 산울림 소극장에서 내리면 홍대 앞 젊음의 거리를 만날 수 있다. 이어지는 매력적인 산책 코스를 아이와 함께 걸어 보자!

⭐ 상수동/합정동(64페이지) ⋯ 경의선 숲길(278페이지)과 연계해 산책 가능하다

교통편 홍대는 2호선, 6호선, 경의중앙선, 인천공항 지하철 등 교통편이 좋다. 소개된 산책 코스는 6호선 광흥창역 1번 출구에서 시작한다.

코스 매력 포인트

번화한 젊음의 거리를 대변하는 홍대지만 아이와의 산책은 조금 색다르다. 조용한 와우산 산책과 가벼운 등산. 산 위에서 짧게 타는 마을버스까지 흥미진진한 산책이 펼쳐진다.

산책 전 알아 두세요!

홍대 산책은 넓은 지역을 구석구석 돌아다니는 산책 코스로 반나절 이상의 시간이 필요하다. 따라서 오전에 산책을 시작하는 것을 추천한다. 버스와 사람이 많은 거리를 지나야 하고 등산 코스도 있기 때문에 유모차·자전거로는 어렵다. 퀵보드 또한 주의가 필요하다.

1 스팟 │ 한적한 쉼터
공민왕 사당

공민왕은 고려시대 원나라(몽골)의 지배에서 벗어난 시기의 집권 왕이다. 공민왕 사당은 그를 기리는 곳으로, 최근 리뉴얼을 거쳐 시민들에게 개방되었다. 주택가에 자리 잡은 곳이라 사람이 많지 않아 부담 없이 들러 한적한 공간에서 잠시 머물다 가기에 좋다. 아이들은 투호놀이를 할 수도 있고 넓은 마당에서 놀기에도 좋다.

위치 | 서울특별시 마포구 창전동 42-17

2 스팟 │ 계절의 변화를 생동감 있게 즐기는
와우산(와우근린공원)

아이와 함께하는 가벼운 산행 코스다. 쉬엄쉬엄 걸어도 10분이면 정상에 오를 수 있을 정도로 짧다. 중간중간 좌우로 난 둘레길로 걸음을 옮기면 솔나무, 맥문동, 꽃무릇 등 계절마다 다양한 꽃과 나무를 볼 수 있다. '마포구 걷고 싶은 길' 이정표를 따라 와우산 약수터로 가자. 오른쪽 중앙하이츠 아파트 계단을 올라가면 마을버스 13번 버스 종점이 있다.

✪ 접근성이 좋고 산책하듯 걸어 오를 수 있다. 조용하고 계절에 따라 다양한 숲을 경험할 수 있다. 계단이 많지만 미로처럼 이어진 산책로가 재미를 주며, 천천히 오르면 힘들지 않다.

✪ 짧은 코스지만 아이와 함께한다면 반드시 생수와 간식을 준비하자.

🚌 13번 마을버스를 타고 산울림소극장역에서 하차한다 (지도 표기).

 **3** good 스팟 | 유기농 브런치 즐기기
수카라

'숟가락'의 일본식 발음인 수카라를 따서 지은 이 카페는 한국 문화를 소개하는 일본 잡지 수카라의 한국 사무소로 처음 시작했다. 잡지는 폐간되었지만 현재 여기서는 계절 채소 등 건강한 식재료를 이용한 음식들을 만날 수 있어 아이와 함께하기 좋은 곳이다.

위치 | 서울특별시 마포구 서교동 327-9
전화번호 | 02-334-5919
영업시간 | 매일 11:00 - 23:00 / Break time 15:00 - 17:30 / 명절 • 월요일 휴무

4 스팟 | 늘 붐비는 모퉁이 빵집
아오이토리

파랑새라는 이름을 가진 유명한 일본식 오픈 키친 빵집이다. 일본 간식인 야키소바를 빵에 넣은 야키소바빵이 대표 메뉴이다. 유명세에 비해 가격이 저렴하며 브런치와 간단한 식사도 가능하다.

위치 | 서울특별시 마포구 서교동 327-17
전화번호 | 02-333-0421
영업시간 | 월~토 오전 08:00 - 오전 02:00(19:00~ BARTIME) /
일요일 08:00 - 22:00

5 스팟 good

아이와 어른 모두를 위한 장난감 백화점

뽈랄라백화점

만화가 현태준이 오랜 기간 수집한 장난감들을 모아 전시하는 곳이다. 입장료를 받고 운영되던 곳이었으나 최근 무료로 전환되었다. 일본 애니메이션의 등장인물부터 스타워즈, 스누피 관련 캐릭터까지 구석구석 다양한 주제의 장난감들이 가득하며 바로 구입할 수 있다.

위치 | 서울특별시 마포구 서교동 335-4 지하 102호
전화번호 | 02-3143-3392
영업시간 | 12:00 - 20:00 / 월요일 휴무
페이스북 | https://www.facebook.com/pollalla/

6 스팟

캐릭터 틴틴과 밀루를 현실 세계에서 만나다

홍대 틴틴샵

우리나라에서는 땡땡으로 알려진 TINTIN(1929)은 소년 기자 틴틴과 반려견 밀루(Milou)의 모험을 소재로 한 벨기에 만화다. 유럽은 물론 전 세계적으로 유명한 만화지만 특히 등장하는 캐릭터들의 매력 때문에 틴틴의 캐릭터 상품과 포스터, 책을 구입할 수 있는 숍도 마니아들 사이에서 인기가 많다. 한국에서는 지난 5월 말 홍대 앞에 1호점이 오픈되었다.

위치 | 서울특별시 마포구 서교동 342-8
전화번호 | 02-338-8260

7스팟 | 원피스 마니아들을 위한 성지
Cafe de ONE PIECE

일본의 인기 만화 원피스의 캐릭터를 테마로 대원미디어가 일본 슈에이 출판사로부터 라이센스를 얻어 오픈한 카페이다. 카페 내부는 원피스의 포스터와 피규어 만화책으로 장식되어 있으며, 간단한 간식과 음료를 즐길 수 있는 카페와 원피스 관련 굿즈를 구입할 수 있는 기프트 숍으로 이루어져 있다. 이곳의 백미는 건물의 반을 차지하고 있는 사우전드 서니호이다. 멀리서 외관만 봐도 안으로 들어가 보고 싶어지는 매력이 있다.

위치 | 서울특별시 마포구 서교동 343-10
전화번호 | 02-322-2176
페이스북 | https://www.facebook.com/cafedeonepiece.kr

8스팟 | 홍대 문화 광장
홍익문화공원

홍대 놀이터로 불리던 홍대 앞 홍익어린이공원이 문화공원으로 탈바꿈되었다. 매주 토요일/일요일 열리는 예술장터와 뮤지션의 연습 공간으로 수많은 젊은이와 관광객의 쉼터 역할을 해온 이 공간은 홍대 주변 문화를 알리는 대표적인 개방형 광장으로 조성될 것이다.

위치 | 서울특별시 마포구 서교동 359

9 스팟 | 서울의 카오산 로드
홍대주차장길

일명 주차장 골목이라 불리는 홍대 앞 거리에는 옷, 모자, 신발 등을 판매하는 가게가 즐비하다. 홍대 인근에서 가장 인구밀도가 높은 곳이며, 휴일이건 평일이건 시간에 관계없이 젊은이들과 관광객들이 북적이는 곳이다.

⭐ 사람이 많아 아이를 놓칠 수 있으니 특히 주의하자.

위치 | 서울특별시 마포구 상암동 482 일대(지도 표기)

10 스팟 | 다양한 장난감과 소품이 가득
1300K

1300K는 텐바이텐, 펀샵 오프라인 매장처럼 오프라인으로 진출한 온라인 잡화 브랜드 매장이다. 지하까지 4개의 층에 걸쳐 전시된 장난감과 다양한 소품을 구경하는 것만으로도 눈이 즐겁다.

⭐ 1300K는 홍대에 3개의 점포를 운영하고 있다.

위치 | 1300k 1호(본점) : 서울특별시 마포구 서교동 368-13
전화번호 | 02-322-2131
홈페이지 | http://www.1300k.com/

11 ^{good} 스팟
홍대의 문화가 가득 담긴 책방
땡스북스

홍대를 즐겨 찾는 이들의 성향에 맞춰 큐레이션 된 책들을
만날 수 있는 편집 북숍이다. 예술 문화 트랜드에 관심 있다
면 대형 서점에서 귀중한 시간을 허비하지 말고 이곳으로
가 보자. 땡스북스만의 기준으로 진열된 책들과 서점 한편
에 실 수 있는 테이블을 함께 만날 수 있으며, 간단한 음료
도 마실 수 있다. 2층의 갤러리도 꼭 둘러볼 것을 추천한다.

❗ 아이들이 오래 있을 정도로 흥미를 끄는 곳은 아니기 때문에
아이의 인내력이 허용하는 짧은 시간 안에 매대에 진열된 책을
중심으로 한 바퀴 훑고 나오도록 한다.

위치 | 서울특별시 마포구 서교동 367-13 더갤러리 1층
전화번호 | 02-325-0321

12 스팟 good | 장난감 천국
하비팩토리

국내 건프라 오타쿠의 성지였던 하비팩토리는 홍대 앞 대로변으로 매장을 확장한 후 키덜트를 비롯한 일반인들도 많이 찾는 장난감 가게가 되었다. 건프라(건담프라모델)는 물론 마블 캐릭터 피규어 등 다양한 상품들이 두 층에 걸쳐 전시되고 판매된다. 아이와 함께 들어가면 빠져 나오기 힘든 곳이다.

위치 | 서울특별시 마포구 서교동 371-12 비금빌딩 1층 B1, B2
전화번호 | 070-5057-2997
영업시간 | 매일 12:00 - 21:00 / 명절 당일 제외 연중무휴
홈페이지 | www.hobbyfactory.kr

13 스팟 | 아이와 사진 놀이터
트릭아이뮤지엄

벽이나 바닥, 천장 위 조형물과 그림을 직접 만지고 경험하면서 즐기는 체험형 미술관이다. 평면 그림이 입체적으로 보이도록 착시를 일으키는 다양한 미술 기법을 몸으로 느낄 수 있다. 스마트폰 앱을 다운받으면 증강현실을 이용한 보다 재밌는 체험을 할 수 있다.

⭐ 티켓을 소지하면 한여름에도 추위를 느낄 수 있는 겨울왕국 아이스 뮤지엄도 이용할 수 있다.

위치 | 서울특별시 마포구 서교동 357-1 B2 서교프라자
전화번호 | 02-3144-6300
영업시간 | 09:00 - 21:00 / 연중무휴
가격 | 대인 18,000원 소인 12,000원

14 스팟 good

만화책 천국

북새통/한양툰크

좋아하는 만화를 소장하고 싶다면 국내 유통되는 만화책을 모두 만날 수 있는 이곳을 찾아 보자. 홍대역과 가까워 산책의 마지막 종착점으로 좋다.

북새통
위치 | 서울특별시 마포구 동교동 165-3 금강빌딩
전화번호 | 070-7519-2008
영업시간 | 평일 09:00 – 22:30 / 주말 및 공휴일 11:00 – 22:30
홈페이지 | http://www.booksaetong.co.kr/

한양툰크
위치 | 서울특별시 마포구 동교동 166-10
전화번호 | 02-338-5210
영업시간 | 09:30 – 23:00 / 연중무휴
홈페이지 | www.toonk.com/

15 스팟

카카오 친구들을 만날 수 있는

카카오프렌즈

국민 메신저 카카오톡의 캐릭터 상품을 판매하는 플래그십 스토어. 어른은 물론 아이들에게도 익숙한 캐릭터이다 보니 매장 안은 늘 사람들로 북적인다. 1층 입구에 있는 거대한 사이즈의 라이언과 기념사진을 찍기 위해 줄을 서는 모습도 볼 수 있다. 1, 2층은 캐릭터 숍, 3층은 카페로 운영되고 있다.

위치 | 서울특별시 마포구 동교동 165-5 좋은사람들빌딩
전화번호 | 02-6010-0104
영업시간 | 매일 10:30 – 22:00
홈페이지 | https://store.kakaofriends.com

COURSE 02

홍대

북새통
카카오프렌즈
LG팔리스빌딩
KFC
기업은행
서교차
서울특별시교육청
마포평생학습관
홍대주차장길
서교푸르지오아파트
트릭아이뮤지엄
틴티
서교프라자
하비팩토리
베니키아프리미어
메리골드호텔
Cafe de ONE PIECE
유앤아이
웨딩홀부페
서교동교회
보보호텔
서교예술
실험센터
수노래방
홍익문화공원
1300K
온더스팟
홍대점
땡스북스
KT&G
상상마당
합정역
상수역

롤랄라백화점
수카라
아오이토리
산울림소극장
산울림소극장 하차
액션그릴
커피프린스
1호점
천주교
서교동교회
비보이극장
신촌태영데시앙
아파트
근현대디자인
박물관
13번 마을버스
서강어린이집
와우산
서강대역
13번 마을버스 종점
중앙하이츠
아파트
걷기좋은길
공민왕 사당
와우산 계단
서강교회
서강초등학교
서강쌍용예가
아파트
마포노인
종합복지관
광흥창역 1번 출구
① ② ③
⑥ ⑤ 광흥창역 ④

생기 넘치는 젊음의 거리

상수동 / 합정동

상수, 합정은 젊은이들의 발길이 끊이지 않는 유흥가 밀집 지역이지만 골목골목 아이와 함께 다닐 수 있는 재밌는 공간들이 숨어 있다. 상수역에서 시작해 합정역까지의 구불구불한 골목 산책이 끝나면 합정역에 새롭게 오픈한 교보문고와 메세나폴리스에서 몰링을 즐겨도 좋다. 코스에 넣지는 않았지만 상수나들목과 절두산 순교성지를 통해 한강을 만날 수도 있다.

✪ 상수나들목과 절두산 순교성지 위치는 한강편(210페이지)에서 확인할 수 있다.

코스 소개 상수동 카페거리 ⋯ 베로니카 이펙트 ⋯ 홀라인 ⋯ 퍼블리크 ⋯ 즐거운 작당 ⋯ 겟앤쇼 ⋯ 진바스 ⋯ 교보문고 ⋯ 메세나폴리스

상수역 4번 출구로 나와 상수동 사거리(한강 방면)로 산책을 시작한다. 편의점을 지나 오른쪽 상수동 카페 거리로 들어서면 알록달록한 음식점과 상점들이 줄지어 있다. 길이 끝나기 전 오른쪽 골목으로 들어서면 평범한 동네 골목길이 나온다. 상수어린이집 맞은편에서 베로니카 이펙트라는 그림책방을 만날 수 있다. 독막로 큰길을 건너 아이와 함께 만화를 즐길 수 있는 즐거운 작당으로 향한다. 번화한 상점가들을 지나 레고 놀이를 즐길 수 있는 겟앤쇼로 향해도 좋고, 합정으로 향하는 대로변에 있는 진바스에 들러도 좋다. 합정역 8번 출구와 9번 출구에 있는 교보문고와 메세나폴리스에서 긴 산책을 마무리 한다.

코스 매력 포인트

아빠와 아이가 각각 좋아하는 공간들이 어우러져 모두 만족할 만한 코스이다.

산책 전 알아 두세요!

상수에서 합정까지의 산책에는 골목 골목 눈길을 끄는 상점과 음식점들이 많다. 이동 거리는 짧지만 만화책방과 레고 조립 가게가 포함되어 있어 반나절은 족히 걸리는 코스다.

교통편

6호선 상수역 4번 출구에서 6호선 및 2호선 합정역까지 도보로 이동한다.

1 스팟

걷기 좋은 카페거리
상수동 카페거리

평범하던 동네 골목길에 처음 문을 연 곳은 이리카페였다. 홍대 상권 한가운데 자리 잡고 있던 이리카페는 요즘 흔히 발생하는 젠트리피케이션의 영향으로 인해 수년 전 당시에는 공장도 많고 외진 동네였던 이곳 상수동으로 이전했다. 이후 이듬해부터 이리카페가 있는 와우산로 3길에는 카페와 음식점, 공방들이 하나둘 생겨나기 시작했고 지금의 카페거리가 형성되었다.

⭐ 굳이 가게에 들어가지 않더라도 아이와 거닐며 산책하기에 좋은 짧은 산책로다.

위치 | 서울특별시 마포구 상수동 와우산로 3길(지도 표기)

2 good 스팟 그림 작가의 작업실
베로니카 이펙트

신기한 그림책이 가득한 책방이자 일러스트레이터의 작업실이다. 그림책, 그래픽 노블 등 아이는 물론 어른도 좋아할 만한 그림책들이 가득하다.

❌ 판매하는 책은 대부분 열람할 수 있지만 깨끗이 보도록 주의해야 한다.

위치 | 서울특별시 마포구 당인동 24–11 1층
전화번호 | 02–6273–2748
영업시간 | 평일 · 토요일 11:30 – 21:00 / 일요일 휴무
홈페이지 | http://www.veronicaeffect.com

3 스팟

아웃도어 · 캠핑 브랜드 숍
홀라인

아웃도어 중 특히 캠핑용품을 판매하는 매장이다. 입구부터 예쁜
아웃도어 용품들이 전시되어 있고 내부에도 신기한 제품들이 가득
하다. 구경하는 것만으로도 쏠쏠한 재미를 느낄 수 있다.

위치 | 서울특별시 마포구 상수동 310-23
전화번호 | 02-337-3907
영업시간 | 매일 12:00 - 22:00(동절기~21:00)
홈페이지 | hollain.com

4 스팟

프랑스 빵공장
퍼블리크

홍대 일대에 장수하는 빵집 중 하나이다. 찾는 사람이 늘 끊이지
않는다. 오래된 빵집인 만큼 빵의 종류도 다양하다. 카페 공간이
다양하게 있어 구입한 빵을 음미할 수 있다.

위치 | 서울특별시 마포구 상수동 311-1
전화번호 | 02-333-6919
영업시간 | 매일 11:00 - 22:00 / 일요일 및 공휴일 11:00 - 19:00 / 월요일 휴무

5 good 스팟

아이와 만화 즐기기
즐거운 작당

홍대 주변에 꽤 많은 만화 카페들이 생겨났지만, 대부분 젊은 층을 타깃으로 하고 있어 아이와 함께 가 볼만한 곳은 그리 많지 않다. 하지만 여기는 부모와 아이가 함께 가도 부담 없이 즐길 수 있는 곳이다. 물론 홍대 일대에서 가장 알려진 만화 가게라 주말이면 기다려야 하는 불편함이 있지만, 잘 알려진 만큼 종류도 많고 즐길 거리도 다양하다.

위치 | 서울특별시 마포구 서교동 400-6 대동빌딩 지하 1층
전화번호 | 02-336-9086
영업시간 | 매일 11:00 - 23:00 / 연중무휴
페이스북 | https://www.facebook.com/happyjakdang

6 스팟 | 창의력이 샘솟는 공간 겟앤쇼

겟앤쇼는 레고를 조립할 수 있는 카페로 특히 연인들의 데이트 장소로 인기 있는 곳이다. 원하는 레고 조립 키트를 선택하고 카운터에 이야기하면 직접 테이블로 가져다 준다. 테이블당 1세트만 대여 가능하며(아마 부품이 섞이는 우려 때문인 듯하다) 시간에 비례해 요금이 책정된다(음료값 별도). 시간이 곧 돈이 되는 곳이다.

✪ 바로 반납하고 해체해야 한다는 사실이 조금 허무하지만 아이들이 즐거운 시간을 보냈으니 아까워하지 말라. 시간이 돈인 곳이니 들어가면 알차게 놀다 오길 바란다.

위치 | 서울특별시 마포구 서교동 395-30 1층
전화번호 | 02-324-4980
영업시간 | 평일 11:00 - 23:00

7 스팟 | 인테리어 소품 잡화점 진바스

장난감과 인테리어 소품들이 가득한 잡화점이다. 독특한 물건들이 많아 쓰임새를 추리하며 구경하다 보면 어느새 시간이 훌쩍 지나 버리는 곳이다.

위치 | 서울특별시 마포구 합정동 413-3
전화번호 | 070-4038-0367
영업시간 | 매일 11:00 - 24:00

8 스팟

마포에서 가장 큰 서점
교보문고

대형 서점은 시내 중심가에서 어렵지 않게 만날 수 있지만 합
정 교보문고가 특별한 이유는 마포 일대에 그동안 대형서점이
없었기 때문이다. 2호선과 6호선이 만나는 합정역에 인접해 있
어 산책의 시작이나 끝을 함께할 수 있다.

위치 | 서울특별시 마포구 합정동 472 딜라이트스퀘어 A동 지하 2층
전화번호 | 1544-1900
영업시간 | 매일 10:30 - 22:00 / 설 · 추석 당일 휴무
홈페이지 | http://www.kyobobook.co.kr/

9 스팟

아이와 몰링 즐기기
메세나폴리스

영화관, 쇼핑몰, 마트, 상점가, 음식점 등 마포 일대에서 유일하게
몰링을 즐길 수 있는 공간이다. 주말이면 플리마켓이나 공예품을
판매하는 다양한 행사가 열리기도 한다.

위치 | 서울특별시 마포구 서교동 490
전화번호 | 02-2269-7178

COURSE 03

상수동/
합정동

메세나폴리스

교보문고

⑨

⑩

⑧

합정역

⑤

⑥ 합정역 6번 출구

⑦

겟앤쇼

맛있는교토

진바스

농협은행

베스킨라빈스

할리스

성산중학교

늘푸른
여성지원센터

즐거운 작당 ▶

치르비어플러스

세븐일레븐

꼬모레

퍼블리크 ◀

온더보더

홀라인 ◀

펠앤콜

로렌스
시계공업

상수역

①②
④③

상수역 4번 출구 ▼

갤러리 보는

안티크코코

상수어린이집

베로니카 이펙트 ▼

상수동 카페거리

이리까페

당인약국

미로 속에 숨겨진 상점을 찾는 재미가 한가득
연남동

서대문구 연희동의 일부가 마포구에 편입되면서 연희동의 남쪽에 있는 동네 일대가 연남동이라는 이름을 갖게 되었다. 홍대에 인접해 있는 탓에 홍대 앞 젠트리피케이션 영향으로 골목골목 홍대 문화가 유입되면서 자연스럽게 주택가 사이사이에 공방과 상점, 유니크한 숍들이 들어서기 시작했다. 최근에는 연남동 중심을 관통하는 경의선 숲길까지 생겨 주말이면 홍대 못지않은 유동인구가 동네를 채우고 있다.

코스 소개 달달한작당 ⋯› 파머스디쉬 ⋯› 헬로인디북스 ⋯› 사슴책방 ⋯› 메르센 츄러스 ⋯› 히메지 ⋯› 동진시장 ⋯› 브레드 랩 ⋯› 하하 ⋯› 벌스가든 ⋯› 젠트호프16 ⋯› 따뜻한 남쪽 ⋯› 사이에

홍대입구역 3번 출구에서 경의선 숲길을 가로질러 아이와 그림책을 볼 수 있는 달달한작당을 지나 연남동 미로길로 들어선다. 연남동의 좁은 골목은 마치 미로처럼 얽혀 있어 걷다 보면 금세 방향을 잃기 쉽다. 대로변으로 둘러 가면 길 찾기가 한결 쉽지만 골목골목 숨은 상점들을 구경하는 재미도 쏠쏠하니 스마트폰 GPS앱을 이용해 길을 찾아보자. 동진시장을 지나 연남동 마을 장터가 열리는 주민센터로 향하다가 연남동 툭툭을 지나 여행책방 사이에서 산책을 마무리한다.

✪ 경의선 숲길(278페이지)이나 연희동(86페이지)을 연계해 산책해도 좋다.

코스 매력 포인트

이왕이면 연남동 마을 장터인 따뜻한 남쪽이 열리는 날 산책을 계획하자. 마을 장터만으로도 연남동 산책은 매력적이다.

산책 전 알아 두세요!

최근 유명해진 탓에 젠트리피케이션이 심해 사라진 가게들이 많다. 모처럼 정해 놓고 찾아갔는데 다른 가게로 바뀐 곳들이 있을 수 있으니 사전에 조사를 꼼꼼히 해 가는 것이 좋다. 조용한 주택가를 지나갈 때에는 떠들지 않는 매너도 필요하다.

교통편 홍대입구역 3번 출구에서 산책을 시작해서 연희동이나 경의선 숲길과 연계해서 산책할 수 있다.

1 good 스팟 | 그림책 아지트 **달달한작당**

연트럴파크라 불리는 연남동 경의선 숲길에 위치한 달달한작당
은 그림책을 볼 수 있는 카페이다. 심플하면서도 세련된 인테리어
에, 다양한 좌석이 마련되어 있다. 또한 그림책은 물론 잡지, 만화
책, 그래픽 노블도 구비되어 있다. 글자가 빼곡한 책이 부담스럽다
면 아이와 함께 그림책을 읽으며 간단한 간식과 음료를 즐겨 보자.

⭐ **보호자를 동반한 10세 이상의 어린이부터 이용할 수 있다**

위치 | 서울특별시 마포구 동교동 148-7 2층
전화번호 | 02-322-1933
영업시간 | 평일 11:00 - 22:00 / 주말 · 공휴일 12:00 - 22:00 / 설날 · 추석
　　　　　 당일 휴무
페이스북 | https://www.facebook.com/sweetjakdang

2 스팟 | 유기농 브런치 즐기기 **두봉**

연남동 골목 안 반지하에 숨어 싱가폴 락사를 주 메뉴로 판매하
고 있는 작은 비스트로다. 평창에서 식자재를 직접 재배해 음식
재료로 사용한다고 한다. 작은 내부 공간에 꽉 들어찬 오픈 키친
과 적은 수의 테이블은 아기자기하고 아늑한 맛을 극대화시킨다.

위치 | 서울특별시 마포구 연남동 390-32
전화번호 | 02-325-5556
영업시간 | 매일 11:30 - 22:00 / 월요일 · 화요일 휴일

3 good 스팟 | 독립출판계의 사랑방
헬로인디북스

연남동 헬로인디북스는 독립출판물과 굿즈를 취급하는 서점이다. 잘 다듬어지지는 않았지만 창작에 목마른 개인들이 정성 들여 만든 결과물들이 사방을 빽빽히 채우고 있다. 독립서점을 한번 구경해 보고 싶다면 이곳을 추천한다.

위치 | 서울특별시 마포구 연남동 227-16 1층
전화번호 | 010-4563-7830
영업시간 | 15:00 – 21:00 / 화요일 휴무
홈페이지 | http://www.hello-indiebooks.com/

4 스팟 | 헬로인디북스를 갔다면 꼭 들러야 할
사슴책방

피노키오 그림책방 자리에 새롭게 문을 연 사슴책방은 일러스트레이터 주인장의 안목으로 선정한 해외·국내 그림책을 판매한다. 해외 인디 그림책도 만날 수 있다.

⭐ 주인장의 외부 일정으로 종종 문을 닫는 경우가 있으니 연락 후 방문하도록 하자.

위치 | 서울특별시 마포구 연남동 227-16
전화번호 | 010-3203-8092
페이스북 | https://www.facebook.com/deerbookshop

5 스팟 ★good

정갈한 길거리 군것질
메르센 츄러스

골목으로 난 창을 통해서 얼굴을 맞대고 주문을 해야 하는 정겨운 가게이다. 주문을 하면 바로 반죽을 뽑아 츄러스를 튀겨 주기에 시간은 조금 걸리지만 맛있어서 아이들이 좋아한다.

✪ 눈에 보이는 깨끗한 기름에 더욱더 믿음이 가는 곳으로, 2,000원 선의 맛있는 츄러스를 맛볼 수 있다.

위치 | 서울특별시 마포구 연남동 227-15
전화번호 | 010-7145-1141
영업시간 | 13:00 - 22:00 / 월요일 휴무

6 스팟

연남동 카레 전문점
히메지

마치 일본이나 상하이 외진 동네에서 발견할 수 있을 것 같은 외관을 띄고 있는 카레 전문점이다. 독특한 외관과 유명세의 비해 저렴한 가격으로 많은 사람들의 사랑을 받고 있다.

위치 | 서울특별시 마포구 연남동 227-15
전화번호 | 070-4743-1055
영업시간 | 평일 12:00 - 21:00 / 주말 13:00 - 21:00 / 수요일 휴무

7 good 스팟 젊은 재래시장 동진시장

연남동 재래시장이 젊은 상인들의 공간으로 탈바꿈했다. 연남동의 명소가 된 이곳은 수공예 생산자들의 협동조합이 임대해 운영하고 있다. 아담한 공간 안 좌판에 정성껏 만든 수공예품, 가죽제품, 방향제, 액세서리 등이 오밀조밀 놓여 있어 즐거운 볼거리를 제공한다.

위치 | 서울특별시 마포구 연남동 227-15 38
전화번호 | 02-325-9559
페이스북 | https://www.facebook.com/makedongjin

8 스팟 | 조용히 쉴 수 있는 공간
브레드 랩

젊은이들에게 인기가 많은 태국식 국수 전문점 소이연남 2층에 숨은 빵가게이다. 재료에 방부제, 개량제, 유화제 등의 화학첨가물을 사용하지 않는다. 안쪽에 넓은 홀과 카페처럼 별도공간이 있어 쉬어가기 좋은 곳이다.

❂ 가끔 음악 콘서트도 열린다고 하니 일정을 잘 살펴보고 가자.

위치 | 서울특별시 마포구 연남동 229-67
전화번호 | 02-337-0501
영업시간 | 매일 10:00 - 22:00

9 스팟 | 가지볶음이 맛있는 곳
하하

연희동·연남동 일대의 화교를 대상으로 운영을 시작한 곳이다. 얇은 밀가루를 입혀 튀긴 가지를 넣어 볶은 가지볶음은 추운 겨울날에도 발을 동동 구르며 줄을 서게 할 만큼 맛있고 그만큼 유명한 메뉴이다.

❂ 짜장면, 짬뽕 같은 보편적인 중국집 메뉴는 없다. '하하' 하면 튀긴 김만두로 유명하지만 호불호가 나뉘는 편이니 고심해서 주문하도록 하자.

위치 | 서울특별시 마포구 연남동 229-12
전화번호 | 02-337-0211
영업시간 | 11:30 - 22:00 / 화요일 휴무

10 스팟 | 숨 쉬는 카페
벌스가든

식물원을 연상케 하듯 온통 꽃과 식물로 꾸며진 연남동 골목 속 정원이다. 밖에서 보면 꽃집으로 오해 받을 정도로 카페 안쪽까지 온통 광합성 중인 아름다운 카페이다.

위치 | 서울특별시 마포구 연남동 229-61
전화번호 | 02-3144-1888
영업시간 | 월요일 15:00 - 22:00 / 화요일~일요일 12:00 - 22:00

11 스팟 | 다양한 가죽 제품이 한가득
젠트호프16

젠트호프16은 가죽 공방으로 여권 지갑, 명함 케이스 등 주로 심플하고 멋스러운 디자인의 제품을 제작하는 곳이다. 연남동 마을 장터가 열리는 길가에 있어 장이 서면 늘 문을 열어 놓고 장터에 참여한다. 작업 공간이자 상품 판매가 이루어지는 쇼룸 이니 공방이 어떤 곳인지 궁금하다면 구입하지 않더라도 주저 하지 말고 들어가 보자.

위치 | 서울특별시 마포구 연남동 240-53 1층
전화번호 | 070-4135-5316
영업시간 | 매일 12:00 - 20:00 / 일요일 11:00 - 18:00 / 월요일 휴무
홈페이지 | www.zehnthof16.com

12 good 스팟

연남동 마을시장
따뜻한 남쪽

연남동 '따뜻한 남쪽'은 한적한 동네 한가운데 열리는 마을 장터다. 연남동주민센터를 찾으면 쉽게 장터를 만날 수 있다. 겨울이 오는 11월이면 폐장을 하고 4월이 오면 봄과 함께 개장한다. 자세한 정보는 '연남동 마을시장 따뜻한 남쪽' 페이스북 페이지를 통해 얻도록 하자.

✪ 아이와 플리마켓을 즐길 때에는 아이에게 일정한 돈을 주고 그 안에서 구입할 수 있도록 한다. 반드시 전체를 한 바퀴 살펴본 후 두 번째 돌면서 구입한다.

위치 | 서울특별시 마포구 성미산로 29길
전화번호 | 02-325-8553
페이스북 | https://www.facebook.com/sunnyyeonnam
블로그 | http://blog.naver.com/livingnart

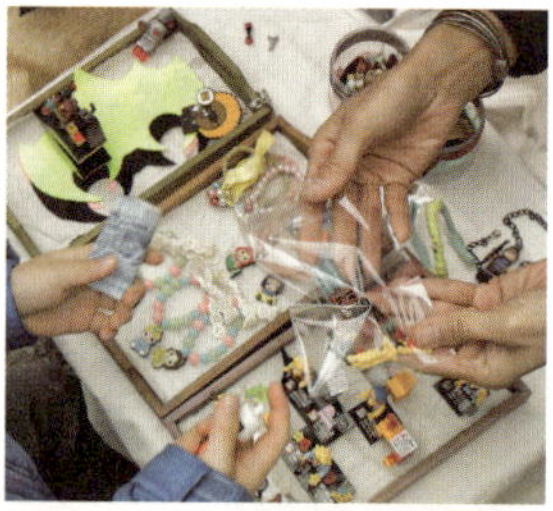

13 good 스팟

연남동과 연희동 사이 여행책방

사이에

사이에는 연남동과 연희동 사이에 골목 안쪽 깊숙한 곳에 자리를 잡고 있다. 여행책방이라는 독특한 콘셉트로 운영되는 이곳은 책만 판매하는 곳이 아니라 북콘서트, 전시 등 저자와의 작은 이벤트도 진행되고 있다.

위치 | 서울특별시 마포구 연남동 223-44 2층
전화번호 | 02-325-6563
영업시간 | 평일 10:00 - 21:00 / 토요일 13:00 - 21:00 / 일요일 휴무
홈페이지 | http://www.saie.co.kr/

COURSE 04
연남동

메르센
츄러스
서울동부교회
동진시장
히메지
헬로인디북스
/사슴책방
파머스디쉬
경암소극장
사이에
브래드 랩
Soi연남
하하
벌스가든
툭툭누들타이
부루마블
연남동휴먼타운
커뮤니티센터
젠트호프16
따뜻한 남쪽
은행어린이공원
연남동주민센터

SC제일은행

동교동
삼거리

④

홍대입구역

③

홍대입구역
3번 출구

달한작당

와이즈파크

빵꼼마

거린이공원

골목골목 먹거리와 볼거리 보물찾기

연희동

연희동은 예부터 화교들이 많이 살고 중국집과 음식점이 많아 사람들이 많이 찾는 곳이었다. 최근 연희동이 다시 들끓고 있다. 최근 홍대 상권이 확장되어 조용하던 골목 안쪽을 카페와 공방, 음식점 등이 하나둘 채우며 사람들의 발걸음을 유혹하고 있다. 홍대 앞의 번잡함과 화려함은 덜하지만 골목 곳곳에 매력적인 상점과 음식점이 있어 어른과 아이 모두 만족할 수 있는 산책을 즐길 수 있다.

코스 소개 … 미란 … 사러가 쇼핑센터 … 독일빵집 … 연희김밥 … 뱅센느 … 궁동근린공원 … 안산도시자연공원 … 수빈 … 떡의미학 … 피터팬 제과

연희동의 가장 큰 매력은 먹거리이다. 소문난 빵집, 떡집, 한정식 식당, 중국집, 김밥집, 브런치 카페, 수제 과자점 등 미식 여행을 떠날 수 있다. 사러가 쇼핑을 중심으로 휴일이면 사람도 많고 차도 많지만 조금 안쪽으로 들어가면 한적하고 평범한 동네 골목을 산책할 수 있다. 연희동의 허파 역할을 하는 궁동근린공원은 연희동 산책에 빠질 수 없는 매력 포인트니 꼭 둘러보길 추천한다.

✪ 연남동 ⋯⋯ 연희동 ⋯⋯ 서대문으로 연계하여 산책이 가능하다.

코스 매력 포인트

맑은 공기와 흙길을 걸을 수 있는 궁동공원 매력에 흠뻑 빠져 보자.

산책 전 알아 두세요!

큰 길가와 인접한 연희로는 차도 많고 행인들로 붐비니 아이에게 특별한 주의가 필요하다. 대부분 연희로 주변의 큰 길가 위주로 둘러보고 말지만 안쪽 깊숙이 있는 한적한 골목길과 궁동공원은 놓치지 말아야 할 연희동 산책의 큰 즐거움이니 빼놓지 말자.

교통편 연희동은 지하철이 없어 접근이 불편하다. 2호선, 공항철도, 경의중앙선이 만나는 홍대입구역에서 동교동 방면으로 택시를 타거나 버스(7739, 7612, 7720 등)를 타고 연희교차로 정류장에서 하차한다.

1 스팟
대만 과자 펑리수 맛보기
미란

사러가 쇼핑센터 사거리 건너편에 위치한 미란은 대만식 디저트 펑리수와 고로케를 판매하는 제과점이다. 대만의 대표적인 간식 펑리수와 다양한 종류의 고로케를 맛볼 수 있다.

위치 | 서울특별시 서대문구 연희동 188-1
전화번호 | 02-336-5898
영업시간 | 매일 08:00 - 22:00

2 good 스팟
연희동의 부엌
사러가 쇼핑센터

대로변을 따라 걷다 보면 사러가 쇼핑센터를 만날 수 있다. 1층에는 마치 남대문 수입 상가를 연상케 하는 해외 음식과 잡화, 대형 슈퍼와 꽃가게, 아이스크림 가게, 약국, 푸드코트 등이 입점해 있다. 2층에는 신발, 화장품, 옷가게, 장난감 그리고 커피숍 등이 있어 둘러보면 묘한 재미를 느낄 수 있다. 피터팬 빵집의 분점도 운영 중이니 빵집까지 산책할 시간이 없다면 이곳을 가도록 하자.

위치 | 서울특별시 서대문구 연희동 131-1
전화번호 | 02-334-2428
영업시간 | 매일 10:00 - 22:00(2층은 21:30까지)

3 스팟 | 오래된 동네 빵집
독일빵집

연희동에서 4대째 운영 중인 전통 있는 빵집이다. 바게트와 생크림을 전문으로 한다. 맛있는 빵은 물론 오래된 빵집을 둘러보는 재미가 쏠쏠하다. 크림치즈와 모카 찰떡이 가장 인기 있다고 한다.

위치 | 서울특별시 서대문구 연희동 132-20
전화번호 | 02-324-9717
영업시간 | 매일 06:00~22:30 / 일요일 휴무

4 스팟 | 기본의 맛
연희김밥

주말이면 낮이고 밤이고 줄을 선 모습을 발견할 수 있는 특별한 동네 김밥집이다. 10가지가 넘는 김밥 메뉴에 가격도 저렴하여 한 끼 식사를 해결하기 좋다. 같은 동네에 4호점까지 오픈했다.

✪ 궁동근린공원에 올라가기 전, 여기서 김밥을 사들고 올라가는 것도 좋다.

위치 | 서울특별시 서대문구 연희동 129-3
전화번호 | 02-323-8090

5 스팟 | 브런치 카페
뱅센느

맛있는 브런치와 디저트가 유명한 카페다. 아기자기한 소품들로 꾸며
져 있어 사진을 찍기에도 좋다. 블루베리 팬케이크가 유명하며 가장 비
주얼이 좋은 메뉴는 파리스 브런치다.

⭐ 카페나 식당에서 아이가 지루해 할 수 있으니 책이나 간단한 놀거리를
가져가는 것이 좋다.

위치 | 서울특별시 서대문구 연희동 129-1
전화번호 | 02-336-3279
영업시간 | 매일 11:00 - 22:00(Last order 20:30) / 일요일 11:00 - 21:00(Last order 19:30)

6 good 스팟

나와 아이만 알고 싶은 5월 이야기
궁동근린공원

산이나 녹지가 거의 없는 이웃 연남동과 달리 연희동에는 '궁동 근린공원'이라 지도에 표기된 뒷산이 있다. 15분 정도만 오르면 정상을 만날 수 있는 작은 산이다. 특히 5월 무렵의 궁동공원을 찾는다면 아름다운 꽃무리를 만날 수 있어 더욱 특별한 산책을 즐길 수 있다. 낮은 산이라 아이도 어렵지 않게 오를 수 있고 중간중간 등장하는 체육 시설은 아이의 놀이터 역할을 한다. 산 위에는 정자가 있어 간식을 먹거나 쉬어갈 수 있다.

✪ 공원 주변에 매점이 없으므로 물이나 간식은 미리 챙겨 가자.
✪ 궁동공원에서 안산도시자연공원까지 1.5km 구간 숲으로 이어진 길을 산책할 수 있다. 중간중간 계단도 있지만 가볍게 걸어갈 수 있는 산책 코스다.

찾아가기
궁동공원은 마을 안쪽에 있어 초행이라면 찾기 어려울 수 있지만 사러가 쇼핑센터 안쪽 골목을 따라 올라가면 쉽게 발견할 수 있다. 사러가 쇼핑센터 앞에서 04번 마을버스를 이용하면 궁동공원 입구에 도착할 수 있다. 버스는 일방 운행하므로 내려올 때는 걸어 내려와야 한다.

7 스팟
아이와 숲 속 산책
안산도시자연공원

궁동공원에 이웃해 있어 연계하여 호젓한 숲길을 20~30분 정도 아이와 길게 산책할 수 있다.

✪ 외진 곳이므로 산책은 낮 시간을 이용하자.

위치 | 지도 표기

8 스팟
떡갈비 한상차림
수빈

가족 단위 손님이 많은 수빈은 동네 사람들에게 더 유명한 떡갈비 집이다. 아이들이 좋아하는 떡갈비 정식은 2만원으로, 다소 부담스럽지만 넓은 테이블을 가득 채우는 반찬을 보면 결코 비싸다는 생각이 들지 않는다.

위치 | 서울특별시 서대문구 연희동 81-13
전화번호 | 02-307-9979
영업시간 | 매일 11:30~22:00

9 스팟 | 재료가 건강한 떡
떡의미학

연희동에 있는 유명한 떡집 중 한곳이다. 직접 농사 지은 재료를 이용해 수작업으로 만들기 때문에 대체로 가격이 비싼 편이고 유통 기한은 짧지만 아이와 함께 먹을 건강 간식을 찾는다면 안성맞춤인 곳이다.

위치 | 서울특별시 서대문구 연희동 89-50
전화번호 | 02-324-3638 예약 및 상담 가능
영업시간 | 매일 9:00 – 18:00 / 일요일 · 명절 휴무

10 스팟 | 오래된 수제 빵집
피터팬 제과

30년 넘은 수제 빵집이다. 동네 오래된 빵집으로 머무르지 않고 다양한 빵을 만들어 판매하고 있다. 아침 일찍 연희동에 도착했다면 오전 8시에 오픈하는 피터팬 제과에서 간단하게 요기하는 것도 좋다. 1층에서 구입한 빵은 2층에서 음료와 함께 즐길 수 있으니 잠시 쉬어가기에도 좋은 곳이다.

❄ 처음 오는 사람들을 위해 가게에서 인기 많은 빵에는 시그니처 명함을 걸어 놓았으니 참고하자.

위치 | 서울특별시 서대문구 연희동 90-5
전화번호 | 02-336-4775
영업시간 | 매일 08:00 – 22:00 / 연중무휴

COURSE 05

연희동

증가로차도육

평화교회

버스

궁동공원 입구
정류장

궁동근린공원

서연중학교

안산도시자연공원

연희동
주민센터

서대문소방서

수빈

연희파출소

연희동우체국

떡의미학

피터팬 제과

연회초등학교

궁뜰
어린이공원

연화아파트

목란

연희
삼거리

ㄴ

연희김밥

국민은행

독일빵집

사러가쇼핑
정류장

사러가 쇼핑센터

미란

KEB하나은행

연희사거리 정거장

자연과 역사가 만나다
서대문 안산

번잡하기로 소문난 홍대에서 그리 멀지 않은 곳에 일상의 짐을 잠시 내려놓을 수 있는 숲, 안산이 있다. 안산은 깊은 숲을 가지고 있으면서도 자락길 코스는 산책로 진입이 수월해 어린이, 임신부, 장애인들도 쉽게 접근할 수 있는 산이다. 오래 전 안산에는 숲이 울창해 호랑이도 살았다고 한다. 그래서 산을 넘어 도심으로 향하는 나그네들은 삼삼오오 모여 이 산을 넘었다고 한다. 사람들이 모여 넘던 고개라 해서 모아재라 불렸고, '무악재'라는 지금의 이름도 거기에서 비롯되었다는 말이 있다.

코스 소개 서대문 자연사 박물관 ┈▸ 안산 메타세쿼이아 숲 ┈▸ 안산자락길 ┈▸ 서대문 형무소 역사관 ┈▸ 독립근린공원 ┈▸ 영천시장

안산을 품고 있는 서대문 산책 코스는 서대문 자연사 박물관에서 시작해 안산자락길을 지나 서대문 형무소가 있는 독립근린공원까지 이어진다. '과학—자연—역사'가 어우러진 산책로라 할 수 있다.

자연사 박물관을 지나 안산자락길로 들어서기 전 메타세쿼이아 숲을 먼저 찾아보자. 돌아와 안산자락길을 만나면 산의 시계방향으로 걸어 보자. 한성과학고등학교로 내려와 서대문 형무소, 독립근린공원을 지나 영천시장까지의 코스를 걷다 보면 하루에 자연과 역사를 두루 느낄 수 있다.

✪ 서대문 산책은 시작과 끝이 달라 대중교통을 이용하는 것이 좋다.
✪ 연희동 산책의 연장선이 자연사 박물관이 있는 안산으로 이어지므로 연계해서 산책할 수 있다.

코스 매력 포인트

어린이를 위한 박물관, 걷기 편한 산책로, 형무소 체험, 재래시장까지 긴 거리이지만 한 곳 한 곳이 흥미로움을 불러 일으킨다.

산책 전 알아 두세요!

서대문 자연사 박물관으로 오르는 길은 안산자락길보다 가파르고 힘들 수 있다. 자락길은 평탄하니 걷기에 어려움은 없지만 매점이 없으니 미리 물과 간식을 준비하는 것이 좋다.

교통편

대중교통을 이용해 가려면 주변에 지하철역이 없어 불편할 수 있다. 인근 지하철(홍대입구역, 홍제역, 신촌역)에서 서대문 자연사 박물관 입구 정류장까지 지나는 버스가 많으니 참고하도록 하자.

홍대입구역 4, 5번 출구로 나와 동교동 삼거리(연희동 방면) 정류장에서 7720, 110A, 153 버스를 타고 서대문 자연사 박물관 입구에서 내린다(단, 언덕길을 걸어 올라야 하는 아픔이 있다).

1 good 스팟

볼거리 가득 박물관
서대문 자연사 박물관

서대문 자연사 박물관은 자연사에 대한 이해를 돕기 위해 지방자치단체에서 직접 개관해 운영하는 시설이다. 아이들과 함께 참여할 수 있는 다양한 체험학습 교실이 진행되고 있어 아이와 함께 나들이하기에 좋다. 1층 인간과 자연관, 2층 생명진화관, 3층 지구환경관으로 구성되어 있다.

❂ 6개월 이내 방문한 표를 지참 시 20% 할인이 가능하다. 이곳에서 판매하는 음식은 와플, 핫도그, 아이스크림 등 간단한 것뿐이니 참고하자.

위치 | 서울특별시 서대문구 연희동 산5-58
전화번호 | 02-330-8899
운영시간 | 평일 09:00 ~ 18:00 / 주말 09:00 ~ 19:00
　　　　　　　월요일 휴무(월요일이 공휴일인 경우 다음날 휴관) / (1월 1일, 설날, 추석 당일 휴관)
홈페이지 | https://namu.sdm.go.kr/
관람료 | 어른 6,000원 아이 2,000원

2 스팟 good
 서울에서 거닐 수 있는 깊은 숲 속 산책로
 안산 메타세쿼이아 숲

안산 숲 속의 메타세쿼이아 군락지는 사람들이 대부분 떠올리는 담양이나 하늘공원의 메타세쿼이아길과 견주어도 좋을 만큼 도심 속에서 깊은 숲의 향기를 느낄 수 있는 곳이다.

위치 | 안산 입구에서 도보로 15분(지도 표기)

3 스팟

상쾌한 산속 산책로

안산자락길

안산은 낮은 산이지만, 면적이 넓다 보니 깊은 숲을 가졌다. 벚나무길, 느티나무길, 자작나무숲 등 다양한 산책로가 조성되어 있어 4계절 모두 산책을 즐기기에 좋다. 6.1km의 안산자락길에는 산책로 중간중간 도심을 조망할 수 있는 전망대는 물론 북카페 쉼터, 인공폭포 등 편의시설도 잘 갖춰져 있다.

✪ 청설모, 다람쥐, 꿩, 메추라기, 박새, 어치, 까치, 딱따구리가 서식하는 곳으로, 걷다 보면 동물들을 종종 볼 수 있다.

위치 | 서울특별시 서대문구 봉원동(지도 표기)

4 스팟

살아 숨 쉬는 역사의 공간

서대문 형무소 역사관

서대문 형무소 역사관은 일제 침략에 항거하던 독립운동가와 민주화 운동 관련 인사들이 수감되었던 아픈 근대사를 가진 곳이다. 1908년 경성감옥이라는 이름으로 시작하여, 오늘날에 이르러 역사를 바로 보고 나라의 독립을 위해 목숨을 바친 애국지사들의 순국을 추모하고자 1998년 서대문 형무소 역사관으로 새롭게 개관하였다.

위치 | 서울특별시 서대문구 현저동 101 독립공원
전화 | 02-360-8590
운영시간 | 매일 09:30~18:00
　　　　　　월요일 휴무(월요일이 공휴일인 경우 익일 휴관)
　　　　　　1월 1일, 설·추석 당일 휴관
홈페이지 | http://www.sscmc.or.kr/

5 스팟

독립의 대한 염원을 담았다

독립근린공원

서대문독립공원의 대표적인 상징물인 독립문은 프랑스 파리의 개선문을 모델로 세워진 우리나라 최초의 서양식 건축물이다. 갑오경장(1894~1896년) 이후 자주 독립의 결의를 다지기 위해 세운 석조 기념물로 오랫동안 나라를 위협했던 일본, 러시아, 서구 그리고 중국의 영향에서 벗어나려는 독립운동가들의 강한 의지를 담아 세워졌다. 이외에도 공원 내에는 순국선열추념탑, 3.1독립선언기념탑, 독립관 등이 있다.

위치 | 서울특별시 서대문구 통일로 251(독립공원)
전화번호 | 02-364-4686

6 스팟 good

입이 궁금해질 땐

영천시장

영천시장은 통일로 큰 길을 따라 곧게 직선으로 300여 미터 형성되어 있다. 시장 골목을 구경하면서 과자, 꽈배기, 떡볶이, 빵, 떡 등을 즐기다 보면 산을 내려오며 든 허기가 모두 사라진다.

✪ 영천시장은 서울 성곽길과도 가까우며, 서대문역 쪽으로 걸어가면 쌀박물관, 경찰박물관 등이 있는 정동길 산책로와 연결된다.

위치 | 3호선 독립문역 4번 출구에서 5분 거리. 5호선 서대문역 2번 출구로 나와 독립문 쪽으로 8분 거리에 있다(지도 표기).

COURSE 06

서대문
안산

안산벚꽃길

▶ 안산 메타세쿼이아 숲

안산자락길

연북중학교

안산자락길

서대문 자연사 박물관

연희동성원
아파트

서대문 자연사
박물관 정류장

안산공원

안산

무악재역

안산초등학교

한성과학
고등학교

서대문
구의회

서대문 형무소 역사관

서대문
독립공원

독립문역

3-1

독립근린공원

독립문

삼덕교회

독립문역
사거리

독립문고가차도

영천시장

전통과 근대가 공존하는 곳
정동

정동은 조선 후기 병자조약으로 1883년 무렵 미국 공사관이 들어서면서 서구 열강의 공사관이 밀집하게 된, 외교대사와 선교사들이 사는 지역이었다. 현재 구 미국 공사관을 비롯해 캐나다, 네덜란드, 뉴질랜드 등 대사관이 위치해 있다. 덕수궁 돌담길로 대표되는 정동길은 한국적인 산책로가 연상되지만 실은 이러한 역사적 배경을 바탕으로 다양한 근대 건축 양식을 구경할 수 있는 곳으로 서울 어떤 산책로에서도 얻을 수 없는 독특함을 느낄 수 있다.

코스 소개 덕수궁 ⋯› 서울시청 서소문 별관 정동전망대 ⋯› 서울시립미술관 ⋯› 배재학당 역사박물관 ⋯› 덕수궁 중명전 ⋯› 구 러시아 공사관 ⋯› 경찰박물관

덕수궁 정문 옆으로 난 돌담길로 정동 산책은 시작된다. 우선 정동전망대에서 덕수궁과 중구 일대의 풍경을 감상하자. 독특한 건축 양식을 가진 서울시립미술관, 배재학당, 덕수궁 중명전으로 이어진 산책로는 계절에 상관없이 비가 오나 눈이 오나 호젓하게 걷기 좋은 산책로다.

⭐ 시청/광화문(112페이지), 서대문(96페이지)과 연계해서 산책해도 좋다.

교통편 1, 2호선 시청역에서 내려 2번 출구로 올라온다.

코스 매력 포인트

타임머신을 타고 근현대 역사 속으로 떠나 보자. 다른 곳에 비해 사람이 많지 않아 더욱 좋다.

산책 전 알아 두세요!

정동길은 도로가 좁은데 차들이 의외로 빠르다. 아이들의 움직임은 예측할 수 없으니 각별히 주의해야 한다. 시간이 남는다면 근처 농업박물관이나 영천시장까지 걸어 보는 것도 좋다.

1 스팟

작은 궁궐 둘러보기

덕수궁

조선 4대 궁궐로는 경복궁, 창덕궁, 창경궁 그리고 지금 소개할 덕수궁이 있다. 덕수궁의 본래 이름은 경운궁이다. 구한 말 고종이 머물면서 고종의 장수를 비는 뜻에서 덕수라는 궁호를 올려 궁궐 이름이 되었다. 당시 덕수궁은 정동과 서울광장까지 아우르는 큰 규모였지만 이후 고종황제가 일제에 의해 승하하신 뒤 현재의 크기로 축소되었다고 한다.

세조의 큰 손자 월산대군의 개인 저택을 궁궐로 사용해 조선시대 궁궐 가운데 가장 규모가 작다. 덕수궁은 궁궐 안에 서양식 건축물인 석조전을 품고 있는데 석조전은 서양식 궁전으로는 우리나라에서 가장 큰 규모라 한다. 우리나라 최초의 서양식 분수대가 있으며 덕수궁 미술관에서 전시도 감상할 수 있다.

✪ 아이는 무료이나 어른(만 25세 이상)은 입장료가 1,000원이다.

위치 | 서울특별시 중구 정동 5-1
전화번호 | 02-771-9951
운영시간 | 매일 09:00-20:00 / 매표시간~20:00
　　　　　　퇴장시간 21:00까지 / 월요일 휴무
홈페이지 | http://www.deoksugung.go.kr/

2 스팟 good

덕수궁과 정동을 한눈에

서울시청 서소문 별관 정동전망대

서울시청 서소문 별관 정동전망대는 정동길과 덕수궁을 한눈에 조망할 수 있는 곳으로, 정동길 산책의 필수 코스다. 정동전망대는 서울시청 서소문 별관 13층에 있으며 시민을 위해 무료로 개방되어 있다. 전망대 안에는 카페를 운영 중이지만 굳이 이용하지 않더라도 창가에 앉아 풍경을 즐길 수 있다.

✪ 덕수궁, 미술관, 석조전과 중화전 등 주요 시설과 광화문, 멀리 인왕산까지 한눈에 볼 수 있다.

위치 | 서울특별시 중구 서소문동 37 서울시청 서소문청사 1동 13층
운영시간 | 매일 09:00-18:00

3 good 스팟

아름다운 건축물 속 미술 관람

서울시립미술관

시립미술관 건물은 우리나라 최초의 재판소로 일제 강점기에 세워진 대표적 근대 건축물이다. 이후 대법원 건물로 사용되었다. 이후 대법원이 서초동으로 이전하면서 개축하여 고풍스러운 전면부 외관은 살리고 내부는 현대적으로 건축해 아름다운 미술관 건축물로 인정을 받게 되었다. 다양한 미술 전시회를 관람할 수 있으며, 반드시 미술 작품을 감상하지 않더라도 산책을 위한 중간 여정으로 지나쳐도 좋은 곳이니 들러 보도록 하자.

❂ 홈페이지에서 이용 시간을 꼭 확인하고 가자.

위치 | 서울특별시 중구 서소문동 37
전화번호 | 02–2124–8800
홈페이지 | http://sema.seoul.go.kr/korean/index.jsp

4 스팟

최초의 서양식 근대 교육 기관
배재학당 역사박물관

배재중·고등학교와 배재대학교의 전신인 배재학당은 1885년 미국 감리교 선교사인 H. G. 아펜젤러가 2명의 학생을 가르치며 시작된 우리나라 최초의 서양식 근대 교육 기관으로서의 의의를 가진 곳이다. 현재는 역사박물관으로서 시민들의 발길을 끌고 있다. 근대 학당 교실을 재현한 상설 전시관도 있다.

위치 | 서울특별시 중구 정동 34-5 배재정동빌딩
전화번호 | 070-7506-0073
운영시간 | 매일 10:00 - 17:00 / 월요일·공휴일 휴무

5 스팟

역사의 아픔이 서린 집
덕수궁 중명전

중명전은 1901년에 지어진 황실 도서관으로 을사늑약이 체결된 우리 민족에게는 치욕적인 장소다. 현재는 중명전의 연혁을 비롯하여 을사늑약의 체결 과정, 헤이그 특사 등 한국 근대사를 이해할 수 있는 자료를 전시하고 있다.

⭐ 길 안쪽에 있어 눈에 띄지 않지만 정동길을 걷는다면 꼭 한번 찾아 보자.

위치 | 서울특별시 중구 정동 1-11
전화번호 | 02-771-9952

6 스팟 아픈 역사의 흔적
구 러시아 공사관

정동길에서 정동공원을 지나 언덕을 오르면 고종황제 아관파천
의 아픈 역사가 남아 있는 구 러시아 공사관을 만날 수 있다. 이
곳은 6.25 때 본관 건물이 파괴되어 현재는 건물의 일부와 터만
남아 있다.

위치 | 서울특별시 중구 정동 15-1

7 스팟 신나는 경찰 체험
경찰박물관

어린이를 대상으로 만든 시설로, 아이들이 체험할 수 있는 다양한
이벤트가 진행되고 있다. 경찰복을 입고 경찰차를 탈 수 있으며 시
뮬레이션 사격을 하거나 유치장 체험, 교통안전 OX 퀴즈 등을 직접
해 볼 수 있다.

➕ 6층 영사관은 프로그램에 의해 운영되므로 홈페이지에서 영상 시간
과 스케줄을 미리 확인하는 것이 좋다.

위치 | 서울특별시 종로구 신문로2가 58 / 5호선 서대문역 4번 출구에서 도보 5분
전화번호 | 02-3150-3681
관람시간 | 매일 09:30-17:30 / 월요일 · 신정 · 설날 · 추석 연휴 휴관
홈페이지 | http://www.policemuseum.go.kr/
관람료 | 무료

COURSE 07

정동

서울역사
박물관

흥국
파이낸스그룹

LG광화문빌딩

경찰박물관

한국시티은행

강북삼성병원

경향신문사
본사

구 러시아 공사관

성프란치스코회
수도원

정동공원

농업박물관

주한 캐나다
대사관

덕수궁 중명전

정

이화여자
외국어고등학교

이화여자
고등학교

정동제일교회

주한러시아
대사관

유관순기념관

배재학당 역사박물관

덕수초등학교

구세군
중앙회관

서울시청

덕수궁

④

③

⑤

시청역 2번 출구 ▼②

서울광장

덕수궁 ◀

⑥

정동전망대

서울시의회
별관

서울특별시청
서소문별관

① 시청역

⑦

서울시립미술관

서울의 중심
시청/광화문

2002년 월드컵 이후 국가적인 이벤트나 이슈가 생길 때 상징적으로 소개되는 곳이며 우리
나라의 중심이라 감히 말할 수 있는 곳, 바로 서울광장과 광화문광장이다. 평소 너른 잔디
밭 마당이 개방되어 있어 시민은 물론 관광객들이 많이 찾는 곳이기도 하다. 서울광장에서
산책을 시작해 청계광장을 지나 광화문광장에 이르는 짧은 거리이지만 볼거리, 먹거리가 많
아 알차게 산책할 수 있다.

코스 소개 그레뱅 뮤지엄 ⋯ 서울광장 ⋯ 서울시청 시민청 ⋯ 카페마마스 시청점 ⋯ 서울파이낸스센터 ⋯ 청계광장
⋯ 서울 밤도깨비 야시장 ⋯ 영풍문고/종로서적 ⋯ 광화문 미진 ⋯ 교보문고 ⋯ 세종·충무공이야기

시청 앞 산책은 을지로입구역 1-1 출구에서 시작한다. 그레뱅 뮤지엄을 구경한 후 서울광장을 지나 서울시청 지하에 있는 시민청을 둘러보자. 그 다음 청계광장으로 이동해 청계천 물길을 따라 걸어 보자. 중간중간 징검다리를 건너며 종각역까지 산책한다. 종로 일대에는 대형서점들이 많다. 새롭게 리뉴얼된 피맛골을 통과해 광화문광장에 도착한다. 유명한 이순신 장군 동상 앞에서 기념사진을 찍고 세종대왕 동상 지하에 있는 세종, 충무공 기념관도 둘러보자.

✪ 서촌(122페이지)이나 삼청동(132페이지)으로 연계해 산책할 수 있다.

코스 매력 포인트

명절이나 휴일이면 광화문에는 축제나 이벤트가 많다. 먹거리도 많으며, 특히 대형서점이 가장 많이 밀집한 곳이기도 하다.

산책 전 알아 두세요!

사람이 많이 모이는 장소이니 만큼 혼잡한 곳이 많다. 나서기 전 미리 집회 소식이나 행사 정보를 검색하자.

교통편 2호선 을지로입구역 1-1번 출구

1 스팟 good

리얼 밀랍인형 전시관
그레뱅 뮤지엄

그레뱅 뮤지엄은 국내 최대 규모의 밀랍인형 박물관이다. 한류 스타, 세계 각국의 위인들, 스포츠 스타, 예술가 등 80여 개의 밀랍인형이 4개의 층 구석구석 관람자를 기다리고 있다. 인형들만 전시된 것이 아니라 층별로 테마에 맞게 체험형 시스템이 함께 준비되어 있다. 보기만 하는 전시가 아니라 가까이 다가갈 수 있고 함께 사진도 찍을 수 있어 만족도가 높은 곳이다. 밀랍인형을 만드는 과정을 간접적으로 체험할 수 있는 체험형 공간은 아이에게 인기가 많다. 인형들은 그동안 보아 온 인형들과 달리 실제 인물과 흡사하며 실제 인물의 키까지 동일하게 제작된 것이다.

❌ 기대한 것 이상의 즐거운 시간을 보낼 수 있는 곳이지만 입장료가 조금 비싸다. 관람시간이 꽤 오래 걸리니 여유를 가지고 입장하는 것이 좋다.

⭐ 오픈 시간이 달라질 수 있으니 홈페이지에서 일정을 확인하고 가도록 하자.

위치 | 서울특별시 중구 을지로1가 63 을지로 별관 / 을지로입구역 1–1번 출구에서 5분 거리
전화번호 | 02–777–4700
홈페이지 | http://www.grevin–seoul.com/ko

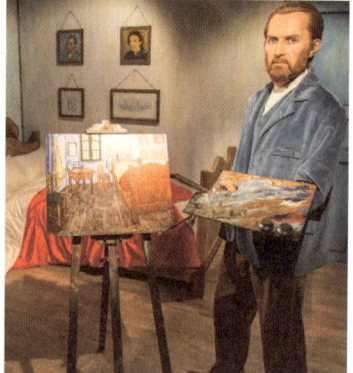

2 스팟 | 시민 쉼터 1번지
서울광장

서울 한복판이라면 가장 먼저 떠오르는 서울광장에서는 계절별, 월별로 다양한 문화 체험 행사가 진행된다. 여름에는 바닥 분수가 운영되며 겨울에는 스케이트장을 이용할 수 있다.

✪ 바쁜 걸음을 멈추고 잔디 위에서 잠시 쉬어 가도록 하자.

위치 | 서울특별시 중구 태평로1가 31

3 스팟 | 시민들을 위한 개방 공간
서울시청 시민청

시민청은 서울 시민이 스스로 기획하고 누릴 수 있도록 시청 지하에 마련된 공간이다. 토론, 전시, 공연, 강좌, 놀이 등 각종 시민활동이 다채롭게 진행되어 아이와 함께하기 좋다. 이곳에서 운영 중인 서울 책방에는 서울과 시민을 주제로 한 많은 책들로 가득 차 있다. 책상과 의자도 부족하지 않을 만큼 준비되어 있으며 책을 구매할 수도, 언제든 원하는 만큼 책을 읽을 수도 있다. 특히 서울 산책을 위한 책들이 많이 소개되어 있다.

위치 | 1호선 시청역, 2호선 을지로입구역 지하도와 연결되어 있다.
운영시간 | 매일 09:00 - 21:00 / 1월 1일 · 설날 · 추석 당일 휴관
홈페이지 | http://seoulcitizenshall.kr

4 스팟 | 신선하고 건강한 브런치 맛집
카페마마스 시청점

카페마마스는 서울에 많은 체인점을 두고 있는 브런치 카페다. 가장 인기 있는 메뉴는 리코타치즈 샐러드, 허니까망베르 치즈파니니와 청포도 주스이다. 건강하고 간단하게 먹을 수 있는 식당을 찾는다면 들러 보도록 하자.

위치 | 서울특별시 중구 무교동 19 체육회관빌딩 1층
영업시간 | 평일 07:30 – 21:30 / 주말 · 공휴일 09:00 – 21:30

5 스팟 | 출출한 뱃속을 채워 주는
서울파이낸스센터

서울파이낸스센터 지하 SFC Mall은 주차 시설도 잘 되어 있고 리틀타이, 오뗄두스 등 음식점, 디저트 카페, 커피숍이 한곳에 모여 있어 식사와 간식을 한자리에서 즐길 수 있다.

위치 | 서울특별시 중구 태평로1가 84 서울파이낸스센터 지하 1층
전화번호 | 02-3783-0112

6 good 스팟

도시민들의 놀이터

청계광장

종로구와 중구의 경계에 흐르던 청계천은 오래전 도시민들의 놀이터이자 빨래터로 이용되었던 곳이다. 청계천 복원 사업 이후 생겨난 청계광장에는 밤도깨비 야시장 등 연중 시민과 관광객을 위한 다양한 문화행사가 진행되고 있다.

위치 | 광화문역 5번 출구 세종로 동아일보사 앞 광장
전화번호 | 02-2290-7111

7스팟

놀랄만한 도시의 밤거리

서울 밤도깨비 야시장

2015년 시범사업으로 시작해 2017년에는 3월 24일부터 10월 29일까지 여의도, 동대문디자인플라자, 청계천, 반포 등에서 열리는 야시장이다. 공예 핸드메이드 작가들과 푸드 트럭이 참여해 다양한 볼거리와 먹거리의 즐거움을 제공한다.

위치 | 청계광장부터 광교사거리까지 청계천 일대
운영시간 | 매주 토요일~일요일 16:30 – 21:30
홈페이지 | www.bamdokkaebi.org

8스팟

서울 책방 산책

영풍문고 / 종로서적 / 교보문고

광화문역의 교보문고와 종각역의 영풍문고, 종로서적까지 종로 광화문 일대에는 대형서점이 많다. 예전에는 대형서점이 책만 판매하는 공간이었다면 요즘은 서적 외에도 음반, 문구, 소품 등 굿즈를 판매하고 책을 읽을 수 있는 공간, 쉴 수 있는 공간을 마련하는 등 트랜드에 따라 변해가고 있다. 친구, 연인뿐 아니라 아이와 함께하기도 좋으니 꼭 산책로에 포함해 보자.

영풍문고
위치 | 서울특별시 종로구 서린동 33 영풍빌딩 지하 1~2층
전화번호 | 02-399-5630
영업시간 | 매일 09:30 – 22:00 / 연중무휴(설 · 추석 당일 단축 영업)
홈페이지 | http://www.ypbooks.co.kr

종로서적
위치 | 서울특별시 종로구 공평동 70 종로타워 지하 2층
전화번호 | 02-739-2331
영업시간 | 매일 10:00 – 22:00
홈페이지 | http://jongnobooks.com

교보문고
위치 | 서울특별시 종로구 종로 1가 1 교보생명빌딩 지하 1층
전화번호 | 1544-1900
영업시간 | 매일 09:30 – 22:00 / 설 · 추석 당일 휴무
홈페이지 | http://www.kyobobook.co.kr

9 스팟 │ 더운 여름 별미
광화문 미진

광화문에서 유명한 냉모밀 식당이다. 냉모밀과 메밀전이 유명하다. 달달하지만 자극적이지 않아 아이와 함께 먹기에 부담이 없다. 계절에 관계없이 인기가 많지만 특히 날이 더운 여름에는 찾는 이가 많아 대체로 줄이 길다.

⭐ 본점에 사람이 많다면 바로 뒤편 2호점으로 가자.

위치 │ 서울특별시 종로구 종로1가 24 르메이에르종로타운 117호
전화번호 │ 02-730-6198
영업시간 │ 매일 10:00 - 22:00 / 명절 당일 휴무

10 스팟 │ 광화문광장 지하 어린이 놀이터
세종·충무공이야기

광화문광장 세종대왕 동상 아래 3,200㎡ 지하 공간에 있는 곳이다. 세종대왕·충무공 이순신 장군의 업적과 역사를 다양한 전시들과 체험 프로그램을 통해 한곳에서 만날 수 있는 교육적인 공간이다. 체험관에는 거북선 모형이 전시되어 있어 직접 들어가 체험할 수도 있으며 영상체험관, 카페, 기념품숍도 볼 수 있다.

위치 │ 서울특별시 종로구 세종로 81-3
전화번호 │ 02-399-1176
홈페이지 │ http://www.sejongstory.or.kr

COURSE 08

시청 / 광화문

세종 · 충무공이야기

세종문화회관

⑫
KT광화문빌딩

광화문역
(세종문화회관)

스타벅스

⑧

현대해상
본사

교보문고

⑨

④

교보생명빌딩

광화
미
르메
종
광화
미제

⑦

일민미술관

⑥

⑤

동아
미디어센터

청계광장

지하도

서울파이낸스센터

더익스체인지
서울

초
어린

남강타워

카페마

농협은행

지하도

서울시청 시민청

삼성빌

서울광장

시청역

프레지던트
호텔

느릿느릿, 여유를 느끼는
서촌

서촌은 행정구역상 정식 명칭이 아니라 경복궁을 중심으로 서쪽에 있는 마을(사직동, 청운동, 효자동, 창성동, 통인동, 누상동, 누하동, 옥인동, 신교동, 궁정동 등)을 부르는 별칭이다. 서촌에는 갤러리, 상점, 음식점, 카페, 공방이 골목에 흩어져 있다. 통인시장을 비롯해 중국집, 음식점, 분식집, 빵집, 독특한 분위기의 카페 등 골목골목 산책자를 위한 공간들이 발걸음을 유혹한다.

코스 소개 이상의 집 ⋯ ohooCafe ⋯ 영화루 ⋯ 옥인오락실 ⋯ 박노수미술관 ⋯ 통인시장 ⋯ 더북소사이어티 ⋯ 통의동 보안여관 ⋯ 대림미술관

서촌에는 작은 상점들과 작업실, 소규모 스튜디오와 공방들이 즐비해 있다. 특히 흔하게 찾을 수 없는 공산품들이 진열된 편집숍들은 눈길을 훔치는 일등공신이다. 가게의 독특한 이름처럼 전시된 진열품들은 저마다의 개성이 묻어난다.

😊 경복궁역에서 신교동 교차로까지 이어지는 자하문로는 휴일이면 갓길에 차를 주차할 수 있다.

😊 서촌은 경복궁 옆에 위치해 있어 연계해서 산책하는 것도 좋다.

코스 매력 포인트

통인시장과 오락실, 잡화점을 꼭 들러보자.

산책 전 알아 두세요!

추천 코스 이외의 연계해서 갈 수 있는 산책지가 많다. 시간과 체력이 허락한다면 박노수 미술관을 지나 수성동 계곡을 산책해도 좋고 대림미술관에서 길을 건너 경복궁으로 향해도 좋다.

교통편 **버스** 5호선 광화문역 KT올레 사옥 앞 정류장에서 버스(마을버스 또는 1020번 등)를 타고 경복궁역 정거장에서 하차한다.
　　　　지하철 3호선 경복궁역 2번 출구로 나와 200미터 정도 걸어간다.

1 스팟 | 시대를 뛰어넘은 광인
이상의 집

젊은 나이에 요절한 천재 시인 이상을 기념하는 공간이다. 투명한 유리창으로 둘러싸여 길과 마당 내부가 훤히 들여다보이며, 작가의 독특한 시어들로 장식한 인테리어가 눈에 띈다. 누구나 앉아 대화를 나눌 수 있는 테이블이 무료로 개방되어 있고 간단한 음료도 자유롭게 마실 수 있다.

위치 | 서울특별시 종로구 통인동 154-10(3호선 경복궁역 2번 출구 직진-우리은행 골목 좌회전-100m 가량 직진 후 오른편에 위치)
전화번호 | 070-8837-8374
운영시간 | 화~토요일 10:00 - 18:00(점심시간 13:00 - 14:00) /
　　　　　　일요일 · 월요일 · 연휴 휴무

2 스팟 | 창문 사이로 보는 한가함
ohooCafe

주말이면 사람의 발길이 많은 서촌의 골목길을 벗어나 잠시 한가롭게 머물 수 있는 카페이다. 창이 넓어 뷰가 시원하고 하루 해가 저무는 풍경을 볼 수 있다.

위치 | 서울특별시 종로구 누하동 210-1
전화번호 | 02-734-1018
영업시간 | 11:00 - 22:00

3 스팟 | 매운 짜장면을 조심하자!
영화루

서촌의 오래된 중국집 영화루는 방송에 소개된 이후 늘 손님이 많다. 매콤한 고추 짜장면과 고추 짬뽕은 이곳의 인기 메뉴이다. 찹쌀 탕수육도 맛있다. 맛도 좋지만 가격이 유명세 치곤 매우 저렴하기 때문에 가볍게 허기를 달래기 좋은 곳이다.

위치 | 서울특별시 종로구 누하동 25-1
전화번호 | 02-738-1218

4 스팟 | 동전 오락이 있는
옥인오락실

과거의 향수를 느끼고 싶은 시민들의 후원으로 다시 문을 열었다는 옥인 오락실. 여기에서는 최신 오락게임을 찾을 수 없다. 그 대신 보글보글, 테트리스, 두더지게임 등 추억을 자극하는 게임들을 만날 수 있다.

😊 아이와 함께 동전을 넣고 즐기다 보면 타임머신을 타고 과거로 돌아가 아이와 친구가 된 아빠의 모습을 발견할 수 있다.

위치 | 서울특별시 종로구 옥인동 156-7
전화번호 | 02-737-4788

5 스팟 good

아기자기한 산책로가 함께하는
박노수미술관

정식 이름은 종로구립 박노수미술관이다. 故박노수 화백의 자택을 미술관으로 사용하고 있다. 가옥 자체의 독특한 외형과 정원, 그리고 건물 뒤편 언덕으로 난 산책로까지, 어느 미술관과 비교해도 손색없는 아기자기함이 좁은 공간 안에 잘 정돈되어 있다.

위치 | 서울특별시 종로구 옥인동 168-2
전화번호 | 02-2148-4171
이용시간 | 매일 10:00-18:00 / 월요일 · 1월 1일 · 추석 · 설 당일 휴무
홈페이지 | http://jfac.or.kr/

6 스팟 엽전 도시락 즐기기
통인시장

서촌 소개에 빼놓을 수 없는 전통시장이다. 아케이드 형태의 모습은 여느 신식 전통시장과 다를 바 없지만, 많은 관광객과 활기찬 시장의 풍경이 이곳의 매력을 배가시킨다. 통인시장의 명물이라는 기름떡볶이집 앞에는 손님의 발길이 끊이질 않는다. 동네에서 이름난 빵집, 다양한 군것질거리들이 알록달록 모여 조화로운 시장의 풍경을 자아낸다.

❌ 시장 입구에서 구입한 엽전을 사용하면 시장 안의 다양한 음식을 뷔페처럼 즐길 수 있다.

❶ 엽전 도시락을 구입한다. ❷ 시장을 돌아다니며 원하는 음식을 엽전으로 구입한다. ❸ 음식 담기가 끝나면 도시락 카페나 집도리 쉼터를 이용해 식사를 한다.

※ 도시락 카페 이용 시간 : 화~일요일 11:00 - 17:00(엽전은 16:00까지 판매) / 월요일 휴무

위치 | 서울특별시 종로구 통인동 10-3
전화번호 | 02-722-0911
영업시간 | 매일 07:00 - 21:00(점포별 상이) / 매달 셋째 주 일요일 시장 전체 휴무

7 스팟 | 독립출판 네트워크
더북소사이어티

상수와 합정을 거쳐 이곳 서촌으로 자리를 옮긴 독립출판 서점 더북소사이어티는 어른 아이 모두에게 신기한 책들이 가득한 곳이다. 책을 매개로한 인적 네트워크를 목표로 이벤트, 북페어, 전시 등 다양한 활동을 하고 있다.

위치 | 서울특별시 종로구 통의동 13 2층
전화번호 | 070-8621-5676
영업시간 | 화~금요일 13:00 – 20:00(주말 ~19:00까지) / 월요일 휴무

8 스팟 | 오늘은 어떤 전시가 있을까?
통의동 보안여관

1930년대에 지어진 이곳은 서정주, 김동리 등 이전 세대의 많은 문학인들이 장기 투숙하며 글을 쓴 것으로 유명한 여관이다. 여관 간판은 그대로이지만, 현재는 여관 본래의 콘셉트를 살려 '문화숙박업'이라는 생활 밀착형 예술을 생산하는 '문화 생산 아지트'로 탈바꿈했다.

위치 | 서울특별시 종로구 통의동 2-1
전화번호 | 02-720-8409
홈페이지 | http://www.boan1942.com/

9 스팟

문턱 낮은 미술관
대림미술관

경복궁과 인접한 통의동 주택가에 위치한 대림미술관은 평범한 가옥을 프랑스 건축가 뱅상 코르뉴가 현대적으로 리모델링해 미술관으로 개관한 곳이다. 딱딱한 주제의 전시를 벗어난 트랜디 한 전시로 연일 젊은이들의 방문이 계속되고 있다.

⭐ 미술관을 관람한 후 '미술관 옆집' 카페를 방문해 보자.

위치 | 서울특별시 종로구 통의동 35-1
전화번호 | 02-720-0667

COURSE 09

서촌

두플라워

세븐일레븐

박노수미술관

남도분식

옥인오락실

통인시장

영화루

ohooCafe

배화여자
중학교

배화여자
대학교

송스키친

배화여자
고등학교

봉평
닭갈비막국수

홍부골숯불
돼지갈비

통인어린이
작은도서관

중앙청사
어린이집

새마을금고

슬로우레시피

더북소사이어티

사진위주
류가헌

통의동 보안여관

이상의 집

통의동우체국

우리은행

진화랑

토속촌

대림미술관

스타벅스

미술관옆집

파리바게뜨

세종마을
음식문화거리

경복궁역 2번 출구

①
②
③

3-1

⑦

경복궁역(정부서울청사)

전통과 현대의 조화
북촌(삼청동-가회동)

경복궁과 창덕궁 사이에는 북촌, 가회동, 계동, 원서동 등의 마을이 있다. 흔히 이 일대를 북촌마을이라 부르는데 이곳이 특별한 이유는 뒤로는 북악산이, 앞으로는 청계천이 있어 배산임수와 풍수지리의 최적의 환경에서 지어진 마을이기 때문이다. 미로처럼 이어진 골목 길을 따라 오래된 가옥들이 늘어서 있는 북촌마을을 아이와 함께 걷다 보면 한옥의 멋스러움을 흠뻑 느낄 수 있다.

코스 소개 감고당길 ⋯ 정독도서관 ⋯ 국립현대미술관 ⋯ 삼청동 문화거리 ⋯ 북촌빙수 ⋯ 삼청동 코리아 게스트하우스 ⋯ 북촌로5나길 전망 좋은 길 ⋯ 북촌전망대 ⋯ 북촌 한옥마을 ⋯ 가회동 골목길 ⋯ 백인제가옥

정독도서관과 국립현대미술관은 지나치지 말고 안마당까지 들어가 보길 추천한다. 국립현대미술관은 아이와 함께할 수 있는 다양한 프로그램을 운영하고 있다. 삼청동 길을 따라가다가 코리아 게스트하우스를 이정표로 좁은 골목을 올라가 보자. 경복궁이 한눈에 내려다보이는 전망 좋은 길을 지나 북촌 한옥마을을 구경한 뒤 가회동으로 내려오면 백인제 가옥을 만날 수 있다. 넓은 범위는 아니지만 거리가 꽤 길고 볼 것도 많다. 쉴 곳 역시 많은 코스라 시간만 넉넉하다면 즐겁게 산책할 수 있다.

❸ 북촌 산책 코스는 서울 성곽길 북악산 코스(242페이지) 또는 서촌(122페이지)과 연계해 코스를 잡아도 좋다.

코스 매력 포인트

옛길과 현대적인 감각의 세련된 상업 공간이 조화로운 곳이다.

산책 전 알아 두세요!

삼청동에서 북촌, 가회동에 이르기까지 꽤 넓고 골목이 많기 때문에 예시된 코스 이외 자신만의 새로운 코스를 얼마든지 만들 수 있다. 이 책에서는 북촌 8경 중 일부만을 소개하고 있다. 나머지 추가 정보를 알고 싶다면 아래 정보를 확인하도록 하자.
※홈페이지 http://bukchon.seoul.go.kr
※전화번호 02-2133-1371~2

교통편 3호선 안국역 1번 출구에서 시작한다.

1 good 스팟 | 이야기가 있는 길 **감고당길**

안국역 1번 출구에서부터 정독도서관까지 풍문여자고등학
교와 덕성여자중학교 사이로 난 산책로다. 감고당길(율곡
로3길과 윤보선길)은 드라마 '도깨비'와 '또 오해영' 촬영지
로도 알려져 있다. 안국동 사거리 초입부터 덕성여고가 끝
나는 곳까지는 예쁜 돌담길이며 그 이후 정독도서관까지는
먹자골목이 형성되어 있다.

위치 | 서울특별시 종로구 안국동 율곡로 3길

2 good 스팟 | 계절의 변화가 아름다움을 더하다
정독도서관

정독도서관은 서울 종로구 북촌 경기고등학교 자리에 개관한 전통 있는 도서관이다. 오래된 건물의 흰 외벽도 아름답지만 특히 도서관 앞에 있는 넓은 정원에 나무도 많고 작은 호수와 정자, 벤치가 있어 계절을 즐기기에 좋아 많은 시민들이 찾는 곳이다.

❂ 이용시간 및 휴관일, 주차시설을 홈페이지에서 확인하고 가도록 하자.

위치 | 서울특별시 종로구 화동 2
전화번호 | 02-2011-5799
홈페이지 | http://jdlib.sen.go.kr/jdlib_index.jsp

3 스팟

전시와 체험을 동시에
국립현대미술관

도심의 중심에 위치한 미술관답게 시민들이 쉽게 접할 수 있고 체험할 수 있도록 각종 전시뿐 아니라 다양한 교육 프로그램을 운영하고 있다. 특히 서울관 교육동에서는 어린이 창작발전소를 무료로 운영하고 있다. 담장 없이 길가와 바로 이어지는 '서울박스'와 가로세로 24미터의 전시마당은 이 건축물이 품은 특색 있는 공간들이다.

⭐ 전시 및 행사에 따라서 관람시간이 유동적이니 홈페이지에서 꼭 확인하고 가자.

위치 | 서울특별시 종로구 소격동 165
전화번호 | 02-3701-9500
홈페이지 | http://www.mmca.go.kr/main.do

4 스팟

예스러움과 세련됨의 조화

삼청동 문화거리

종로구 동십자각에서 성북구 직전의 삼청터널까지 이르는 2km
정도의 삼청동길 중, 초입부터 1km 이어진 음식점, 카페, 갤러리
가 밀집된 산책로를 일컫는다(이후 1km는 차량 통행 위주의 드
라이브 코스다). 서울의 다른 번화가와 달리 일직선으로 걷기만
하면 되는 단조로운 동선이지만 예스러움을 간직한 오래된 가
옥과 현대적인 상업 트랜드가 잘 조화되어 있어 주중이건 주말
이건 많은 사람이 찾는 곳이다.

위치 | 서울특별시 종로구 팔판동

5 스팟 | 북촌빙수
달달한 팥과 고소한 우유의 환상적인 조화

한옥을 리모델링 하여 운영 중인 북촌빙수는 이미 입소문이 파다하여 오픈 시간부터 마감까지 많은 사람들의 발길이 끊이지 않는 곳이다. 순 100% 우유 얼음과 국산 팥을 사용해서 만든다. 빙수는 어른 아이 모두 좋아하는 맛이다.

❸ 삼청동에서만 맛볼 수 있는 곳, 인기가 많아서 기다림은 필수이다.

위치 | 서울특별시 종로구 팔판동 63-3
전화번호 | 02-720-8233
영업시간 | 매일 11:00 ~ 22:00 / 연중무휴

6 스팟 | 삼청동 코리아 게스트하우스
목욕탕에서 게스트하우스로

붉은 벽돌로 쌓여져 삼청동 어디에서든지 금방 눈에 띌 것만 같은 매력적인 굴뚝, 거기에는 '코리아'라는 세 글자가 적혀 있다. 가히 삼청동의 랜드마크라 할 만하다. 현재는 게스트하우스로 운영 중이며 주말에는 주차장과 주변 골목에서 플리마켓이 열리기도 한다. 삼청동에서 북촌으로 향하는 이정표로 삼기에 적당하다.

위치 | 서울특별시 종로구 화동 35
전화번호 | 010-9217-5975
블로그 | http://blog.naver.com/korea2000a

7 스팟 | 해 질 녘 아름다운 풍경
북촌로5나길 전망 좋은 길

코리아 목욕탕에서 북촌생활사박물관까지의 북촌로5나길은 좁은 도로 한편으로 경복궁 풍경이 한눈에 보여 걷기 좋은 길이다. 특별히 전망대라고 명명된 곳은 아니지만, 실크로드 박물관 앞 도로가 꺾어지는 부분부터 나무 데크로 만들어진 부분까지가 풍경을 감상하기에 좋다.

위치 | 자세한 위치는 지도를 참고하세요.

8 스팟 | 북촌 지붕을 감상하자
북촌전망대

북촌전망대는 서울 시내를 배경으로 북촌의 한옥을 한눈에 조망할 수 있는 곳이다. 평범한 주택 건물이지만 3층 옥상 위로 올라가면 커다란 창문 사이로 멋스러운 삼청동의 전망을 볼 수 있다. 또 이곳에서는 민비친정집으로 알려진 서울시 문화재자료 제2호 이준구 가옥을 볼 수 있다.

위치 | 서울특별시 종로구 삼청동 35-62 3층
전화번호 | 070-8819-2153
이용금액 | 어른 3,000원 어린이 2,000원

9 스팟 good!

서울 한옥을 대표하는 풍경

북촌 한옥마을

경복궁과 창덕궁 사이에 형성된 북촌 한옥마을은 조선시대 고위 관리와 왕족들이 살았던 한양의 고급 주거지이다. 거대한 두 궁궐 사이에 밀접하여 전통 한옥군이 형성되어 있으며, 999동의 한옥이 모여 있다. 현재는 전통문화 체험관이나 한옥 음식점 등으로 활용되어 당시의 분위기를 체험할 수 있도록 되어 있다.

위치 | 자세한 위치는 지도를 참조하세요.

10 스팟 천천히 걷고 싶은 길
가회동 골목길

북촌로를 사이로 한옥마을의 건너편부터 창덕궁까지의 골목길이다. 많이 알려지지 않은, 서울 한복판의 변두리 같은 정겨운 산책로길이다. 보물찾기 하듯 구석구석 예상치 못한 가게를 발견하는 재미가 쏠쏠하다.

위치 | 자세한 위치는 지도를 참조하세요.

11 스팟 good 영화 '암살' 강인국의 집
백인제가옥

영화 '암살'에서 친일파 강인국의 집으로 소개되어 이름이 알려진 백인제가옥. 약 100년 전 일제강점기 조선의 상류층 집이라는 역사적인 의미를 가지고 있다. 서울시에서는 2015년 11월부터 백인제가옥을 시민들이 관람할 수 있도록 개방했다. 백인제가옥의 백미는 너른 마당을 가진 사랑채 풍경이다. 높은 지형에 지어진 집이라 하늘을 배경으로 한 기와지붕의 아름다운 직선과 곡선이 조화롭다. 한옥에서는 찾아보기 힘든 2층의 독특한 구조와 100년 전의 구조가 거의 변경되지 않고 보존된 것이 이 가옥에서 찾아볼 수 있는 특징이라 할 수 있다.

❂ 백인제가옥을 가이드의 해설과 함께 내부 관람하기 위해서는 예약이 필요하다.
※예약 안내 : https://goo.gl/a46PVQ

위치 | 서울특별시 종로구 가회동 93-1
전화번호 | 02-724-0232

COURSE 10

북촌

서울중앙
고등학교

한옥협동조합

북촌전통
공예체험관

가회동 골목길

국악체험공방
국악사랑

View Point

북촌동양
문화박물관

북촌 한옥마을

View Point

초고공방
고드랫돌

북촌
생활사박물관

북촌전망대

북촌로5나길
전망 좋은 길

삼청동 코리아
게스트하우스

삼청로

청수정

삼청감리교회

북촌빙수

삼청

삼청동 문화거리

주한브라질
대사관
갤러리인

골목골목 먹거리와 볼거리 보물찾기

성북동

성북동은 북악산 자락에 위치한 동네다. 한성대입구역에서 성북동을 바라보면 산비탈을 오르며 층지어 있는 인상적인 주택의 모습을 볼 수 있다. 북악산 자락에 있어 언덕이 심한 곳들도 많지만 자연과 어우러진 풍경과 고요함이 매력적이다. 성북동을 통해 서울 성곽길도 만날 수 있고 산을 넘어가면 삼청동을 갈 수도 있다. 이 코스에는 소개되어 있지 않지만 만해 한용운이 살던 심우장과 간송미술관도 한번쯤 가 볼만 한 곳이다.

코스 소개 길상사 ··· 금왕돈까스 ··· 수연산방 ··· 성북구립미술관 ··· 최순우옛집 ··· 우주공간 ··· 젤리버블 ··· 꿀맛식당 ··· 나폴레옹 과자점

길상사에서 시작되는 성북동 코스는 한성대입구역 6번 출구에서 마을버스 2번을 이용해 올라가도록 한다. 언덕 가장 위에 위치한 길상사에서 하차해 천천히 둘러보며 언덕을 걸어 내려온다. 주택가 골목으로 이어진 언덕 너머에서 금왕돈까스와 수연산방, 성북구립미술관을 만날 수 있다. 최순우옛집과 아기자기한 카페들이 있는 거리를 지나 한성대입구역까지 천천히 걸어 내려오며 산책을 마무리한다.

교통편 한성대입구역 6번 출구에서 마을버스 2번을 이용해 올라가 길상사 정류장에서 하차한다.

코스 매력 포인트

언덕을 내려오다 보면 골목골목 크고 작은 상업 공간들을 만날 수 있다. 박물관, 카페, 음식점, 상점 등 끌리는 곳이 있다면 주저하지 말고 들어가 보자.

산책 전 알아 두세요!

성북동은 비탈지고 자동차의 통행이 많아 차를 가져가면 주차에 신경 쓰느라 아이와 산책을 즐기기가 어렵다. 이때문에 아이와 함께한다면 대중교통을 이용하는 것이 좋다.

1 good 스팟

정갈하고 소소한 도심 속 사찰 탐방

길상사

길상사는 무소유의 저자 법정스님이 타계 전까지 주지스님으로 있던 곳으로 성북동의 랜드마크라고 할 정도로 알려진 도심 속 사찰이다. 조경시설이 깨끗하고 고요해 종교를 떠나 한적함을 즐기고 싶어 찾아오는 시민들에게 많은 사랑을 받고 있다.

⭐ 경내에서는 정숙해야 한다.

위치 | 서울특별시 성북구 성북동 323
전화번호 | 02-3672-5945

2 스팟 | 추억의 맛을 느끼다
금왕돈까스

서울에 있는 옛날 돈까스는 남산과 성북동이 유명한데, 성북동 일대에서는 특히 역사가 오래된 금왕돈까스가 가장 유명하다. 어렸을 때 먹었던 돈까스를 떠올리게 하는 맛과 비주얼 덕택에 줄을 서서 한참을 기다려야 들어갈 정도로 많은 사람이 찾는 곳이다.

위치 | 서울특별시 성북구 성북동 256-2
전화번호 | 02-763-9366
영업시간 | 매일 9:30 - 21:30 / 월요일 휴무

3 스팟 good | 옛 정취가 깃든 찻집
수연산방

수연산방은 상허 이태준 가옥을 개조해 만든 한옥 카페이다. 아담한 마당과 정자를 가진 운치 있는 공간으로 실내, 실외 모두 나름대로의 멋이 있어 어딘지 앉아도 좋다. 흙으로 된 마당에는 떨어진 나뭇잎, 개미, 돌 등 아이들의 주의를 끌만한 것들이 많아 좋은 놀이터가 된다. 입구 왼쪽으로는 사랑방 같은 공간과 정자가 놓여 있다.

✪ 메뉴는 대부분 전통차로 구성되어 있으며, 가격이 저렴하지는 않은 편이다. 또한 주차가 가능하나, 전화로 주차 안내를 받는 것이 좋다.

위치 | 서울특별시 성북구 성북동 248
전화번호 | 02-764-1736
영업시간 | 매일 11:30-22:00

4 스팟 | 오픈했다면 행운
성북구립미술관

성북구, 자치구에서 최초로 건립한 미술관으로, 다양한 전시회를 개최하고 있다. 특정 전시회를 제외하고는 대부분 무료다. 전시 중이라면 들러 보도록 하자.

✪ 전시회 일정에 따라 닫혀 있을 때도 있으니 일정을 잘 알아보고 가자.

위치 | 서울특별시 성북구 성북동 246
전화번호 | 02-6925-5011
운영시간 | 평일 10:00 - 18:00 / 월요일 휴관
홈페이지 | http://sma.sbculture.or.kr/

5 스팟 | 아담한 옛 공간
최순우옛집

조선시대 말기 가옥으로 서촌의 이름 난 가옥과 비교하면 아담하지만 담백한 아름다움을 품고 있다. 인근 지역의 재개발로 사라질 위기에 처하자 시민 기금으로 지켜낸 공간이다. 이후 2004년 개관하여 최순우 기념관으로 운영하고 있다.

위치 | 서울특별시 성북구 성북동 126-20
운영시간 | 매일 10:00 - 16:00(~15:30까지 입장 가능) / 일요일·월요일 휴무 / 12월~3월 휴관
홈페이지 | http://www.nt-heritage.org/choisunu
관람료 | 무료

6 스팟 | 장난감이 우주 가득
우주공간

아이들이 좋아하는 장난감이 가득한 장난감 가게이다. 주로 토이 제품들을 판매하고 있다. 아담한 공간이지만 한번 들어가면 시간 가는 줄 모르고 구경하게 된다.

위치 | 서울특별시 성북구 성북동 177-90
전화번호 | 010-5155-0774
영업시간 | 매일 13:00 - 22:00 / 월요일 휴무
홈페이지 | http://storefarm.naver.com/woozoospace/

7 스팟 | 블링블링 이색 공간
젤리버블

아기자기한 소품들을 판매하는 가게로, 그냥 지나치기엔 너무나 선명한 분홍 컬러와 네온사인 사이로 보이는 소품들 때문에 발길을 멈춰 서게 되는 곳이다. 매장 안에 빼곡히 차 있는 소품들과 이색적인 포토존은 색다른 재미를 안겨 준다.

위치 | 서울특별시 성북구 성북동 183-8 1층
전화번호 | 010-6292-2729
영업시간 | 매일 13:00-20:00 / 월요일 휴무

8 스팟 | 산책 뒤 꿀맛 같은 식당
꿀맛식당

한성대입구역에 있는 아는 사람은 다 아는 맛집이다. 밖에서도, 안에서도 아기자기한 인테리어가 눈에 띈다. 하지만 이곳의 진짜 매력은 이름처럼 '맛있는' 음식이다. 대표 메뉴는 두겹 함박스테이크와 토마토 미트 파스타이다.

위치 | 서울특별시 성북구 성북동 184-84
전화번호 | 02-741-8677
영업시간 | 매일 11:30 - 22:00 Break time 16:00 - 17:00

9 스팟

고소한 사라다 빵이 생각날 때

나폴레옹 과자점

나폴레옹 과자점 삼선교점은 압구정, 방배, 목동, 잠실 등에 체인을 둔 기업형 제과점이다. 수요미식회에 사라다 빵이 소개되어 유명해진 곳이다.

위치 | 서울특별시 성북구 성북동 1가 35-5
전화번호 | 02-742-7421
영업시간 | 매일 08:00 - 21:30 / 연중무휴

COURSE 11

성북동

길상사

어승제

성북빌리지

성북동성당

주한
네팔대사관

덕수교회
복지문화센터

수연산방
금왕돈까스   성북구립미술관

KEB하나은행

혜성슈퍼   성북초등학교

간송미술관   성북파출소

마을버스 2번

성북초교앞   최순우옛집   신한은

경신고등학교

서울국제
고등학교

서울과학
고등학교

홍익사대부속
고등학교

홍익사대부속
중학교

성북동
주민센터

우주공간

젤리버블

꿀맛식당

성북1
치안센터

성북동갤러리

성북문화원

스타벅스

마을버스 2번

나폴레옹 과자점

⑤

⑥

⑦

①

②

③

④

한성대입구역

오래된 추억들이 한가득
동대문

동대문은 낡고 오래된 것들과 함께할 수 있는 의미 있는 산책길이다. 흥인지문에서 시작해서 아이가 좋아하는 장난감이 모여 있는 완구시장을 지나 중고장터, 만물시장을 거닐다 보면 과거의 향수를 한껏 느낄 수 있다. 골목을 걷다 보면 의외의 보물을 발견하게 될지 모를 일이니 두근거리는 마음으로 아이와 떠나 보자.

코스 소개 창신동 문구완구거리 ···▶ 동묘 벼룩시장 ···▶ 황학동 벼룩시장 ···▶ 북해빙수 ···▶ 동대문 디자인 플라자

1호선 동대문역 4번 출구로 나오면 창신동 완구 시장 초입을 만난다. 길을 따라 구경하며 찻길까지 나가면 동묘역과 이어지는 큰 도로가 나온다. 동묘 벼룩시장은 동묘역 3번 출구에서 시작한다. 동묘 돌담길을 따라 둘러본 후 청계천(영도교)을 건너 황학동 벼룩시장으로 이동한다. 이후 신당역에서 산책을 마쳐도 좋고 동대문 디자인 플라자(DDP)로 이동해도 좋다.

교통편 시내 중심이라 교통편이 좋다. 1·4호선 동대문역, 6호선 동묘앞, 2·6호선 신당역, 2·5·4호선 동대문역사문화공원역 등 접근이 용이하고 언제든 산책을 마칠 수 있다.

코스 매력 포인트

오래된 벼룩시장의 신기한 물건들은 어른 아이 할 것 없이 모두 흥미를 불러 일으킨다. 다른 지역에서는 만날 수 없는 시장 여행의 매력을 만끽해 보자.

산책 전 알아 두세요!

간편한 복장과 차림이 이동하기 편하다. 골목골목 많은 사람들로 혼잡하니 아이의 손을 꼭 잡고 다니도록 하자.

1 spät
good

아이들의 천국
창신동 문구완구거리

동대문과 동묘 사이에 형성되어 있는 동대문 완구 시장에는 문구용품부터 시중에서 판매하는 다양한 장난감들이 즐비하다. 대부분 가게마다 비슷한 상품들이 진열되어 있는 것처럼 보이지만 가게 밖으로 진열한 상품들은 묘하게 차별화되어 있어 한 집 한 집 구경하다 보면 시간이 훌쩍 지나 버린다. 아이들을 유혹하는 놀이기구부터 인형, 캐릭터 장난감, 건담(전문 매장 수준은 아니니 기대는 금물), 레고까지 대부분 저렴한 가격에 만날 수 있다.

⭐ 레고나 반다이 제품류는 온라인과 비교해서 구입하는 것이 좋다.

위치 | 서울특별시 종로구 창신동 390-29 / 1·4호선 동대문역 4번 출구
이용시간 | 평일 8:00 – 19:00 / 토요일 10:00 – 18:00 / 일요일 10:00 – 16:00
홈페이지 | ddmstm.com
주차 | 성동공고 공영주차장(10분 300원)

2 good 스팟 | 낡은 것의 아름다움
동묘 벼룩시장

골동품, 가전제품, 가구, 보석, 공구류, 의류 등 없는 게 없는 동묘 벼룩시장은 각종 물건을 사고파는 상인과 손님으로 언제나 붐비는 곳이다. 우리가 자주 접하는 물건들부터 생소한 물건들까지 다양한 제품들을 구경할 수 있다. 아이와 여유롭게 즐기기엔 다소 버겁지만 중고 물품이 거래되는 이곳에 어떤 매력이 있는지 직접 체험해 보길 바란다.

✪ 사람이 많으니 아이의 손을 꼭 붙잡고 걷도록 하자.

위치 | 서울특별시 종로구 숭인동 / 동묘역 3번 출구

3 스팟 ★good 숨은 보물 창고
황학동 벼룩시장

청계천을 건너 오른편으로 가면 황학동 벼룩시장을 만날 수 있다. 황학동 벼룩시장은 우리나라 중고 물품 시장을 대표하는 상징적인 시장으로 전자 부품, 미술 골동품, 가전제품, 생활 기기 등 다양한 물품들을 사고 판매하고 있다.

✪ 청계고가 도로가 없어진 후 오래된 건물이 철거되고 새로운 건물이 들어섰다. 알 만한 사람은 다 알던 중고 레코드숍도 없어진 지금, 예전의 활기를 찾기 힘들지만 아이의 흥미를 끌 만한 다양한 물건들이 많으니 꼭 들러 보자.

위치 | 서울특별시 중구 황학동 141

4 스팟 얼음 한 사발 하고 가요
북해빙수

황학동 벼룩시장과 DDP 사이에 쉬어갈 수 있는 카페다. 충무아트홀 뒤편에 위치해 있으며, 빙수와 음료를 함께 판매하고 있다. 다른 곳에 비해 가격이 저렴하고 양도 많아 많은 사람들이 찾아오는 곳이다.

위치 | 서울특별시 중구 흥인동 158-9
전화번호 | 02-2235-1005
영업시간 | 매일 12:00 - 20:00 / 토요일 휴무

5 스팟 밤의 우주 여행
동대문 디자인 플라자

우주선의 외형을 연상시키는 DDP는 밤이 되면 더욱 존재감을 더한다. 오르막인지 내리막인지 가늠하기 어려운 독특한 조형미는 아이들의 흥미를 자극한다. 각종 전시, 패션쇼, 컨퍼런스 등 다양한 문화 행사를 진행해 찾아오는 시민들에게 볼거리와 휴식을 제공한다.

위치 | 서울특별시 중구 을지로7가 2-1
전화 | 02-2153-0000
영업시간 | 종합안내실 평일 10:00 - 21:00
홈페이지 | ddp.or.kr

COURSE 12

동대문

창신동
네팔음식거리

동대문성곽공원

② ③
④
동대문역

동대문역
4번 출구

독일약국

창신동 문구완구거리

홍인지문

동대문
종합시장

청계6가
사거리

벨포스트

apm

동대문 디자인 플라자

패션몰유어스

누죤빌딩

동대문역사문화공원역

은행

동묘앞역

동묘 벼룩시장

GS25

영도교

청계천

청계7가
사거리

중앙상가

황학동 벼룩시장

업은행

성동공업
고등학교

동학교

신당역

신당역

평범함 속에 숨어 있는 독특한 매력
경리단길 - 회나무길

경리단길은 이태원과 인접해 있다. 언덕길을 오르는 코스라 운동을 겸한 산책으로 안성맞춤이다. 경리단의 골목은 평범한 옛 동네의 모습을 하고 있으면서도 평범하지 않은 상점들을 품고 있어 독특한 매력을 풍긴다. 경리단길과 함께 장진우씨가 운영하는 가게가 많아 장진우 거리로도 알려진 회나무길을 걸으며 늘어선 상점들을 구경해 보자.

코스 소개 미술소품 ⋯▶ 블루밍런던 ⋯▶ 프랭크 ⋯▶ 레코드이슈 ⋯▶ 경리단으로 오르는 계단

주말이면 많은 사람들이 찾는 경리단길에서는 좁은 인도를 따라 줄을 서듯 천천히 언덕을 오르는 사람들을 감상할 수 있다. 경사로가 길어 처음부터 끝까지 이 길을 따라 걷는다면 아이들이 쉽게 지칠 수 있다. 인도도 좁아 아이들에게는 여러모로 제약이 많으니 마을 안쪽으로 난 회나무길로 발길을 돌려 보자. 회나무길은 경리단길과 같은 방향으로 나 있지만 경사가 없어 걷기 편하며 회나무길이 끝나는 곳에서 계단을 오르면 경리단길과 다시 만난다.

경리단길이 끝나는 언덕 위 하얏트 호텔 앞 육교를 통해 남산공원으로 건너가면 도심 속 자연을 만끽할 수 있고, 호텔을 끼고 언덕을 내려가서 삼성미술관 리움-한강진역으로 이어지는 문화 예술 체험을 할 수도 있다. 선택은 그날 기분에 맡기기로 하고 우선 떠나 보자.

✪ 경리단길은 하얏트 호텔까지 긴 오르막의 산책로이다. 올라갈 때는 회나무길로 오르고 내려올 때는 경리단길을 따라 내려오는 것이 좋다.
✪ 이태원(170페이지)으로 이어서 산책하길 원한다면 경리단길에서 언덕을 올라가 하얏트 호텔 정문으로 들어가서 오른쪽 주차장으로 걸어가자. 길 끝에 삼성미술관 리움 쪽으로 향하는 내리막길을 만날 수 있다.
✪ 남산 야외식물원(268페이지)으로 연계해서 산책할 수 있다.

코스 매력 포인트

경리단길의 비탈보다 한산한 회나무길 산책을 즐겨 보도록 하자.

산책 전 알아 두세요!

문오리 요리집에서 시작해 회나무길 대부분의 가게를 장진우씨가 운영하고 있어 거리 이름을 '장진우 거리'라고 부른다. 가격이 저렴하지도, 테이블이 많지도 않고 예약제인 곳도 있다. 한마디로 성인 취향의 데이트 코스다. 아이와 함께하니 눈으로 살펴봐야 하는 아쉬움이 남기도 하지만 걷는 것만으로도 재미가 쏠쏠하다.

교통편

6호선 녹사평역 2번 출구로 나와 500여 미터 걸어가면 육교가 있다. 육교를 건너 오른쪽 계단으로 내려오면 왼편에 있는 골목부터 경리단 산책이 시작된다.

1 good 스팟

회나무길의 시작
미술소품

회나무길 초입에 위치한 일본, 대만풍 혹은 정체를 알 수 없는 잡화점이다. 평범한 물건, 살아가는데 필요한 필수품은 없지만 독특한 생활 소품, 장난감, 인테리어 소품들로 가득하다. 여성 취향의 유니크하고 재미난 인테리어 소품들을 만날 수 있다.

위치 | 서울특별시 용산구 이태원2동 255-46 1층
전화번호 | 010-9339-6409

2 스팟 영국 가정식 테이블
블루밍런던

영국 가정식을 맛보고 싶다면 블루밍런던에 들어가 보자. 회나
무길 중간쯤 위치한 작은 비스트로로, 아담한 공간을 채우는 긴
테이블에 3팀이 자리를 나눠 식사를 할 수 있다. 조용히 머물다
가기 좋다.

위치 | 서울특별시 용산구 이태원동 251-49
전화번호 | 010-2792-5317
영업시간 | 매일 12:00~21:00(일요일은 19:00까지) / 월요일 휴무
블로그 | http://blog.naver.com/blondon5317

3 스팟 드라이플라워와 케이크의 만남
프랭크

음식점이 즐비한 회나무길 끄트머리에 자리한 디저트 카페다.
천장을 가득 메우고 있는 드라이플라워가 실내 인테리어를 대
신한다. 알록달록한 케이크의 비주얼 때문에 인기가 많으며,
특히 멘들스케이크와 무지개롤이 유명한 디저트 빵집이다.

❌ 주스는 매우 달다. 단 걸 많이 좋아하지 않는다면 주문할 때 요
청하도록 하자.

위치 | 서울특별시 용산구 이태원동 258-228
전화번호 | 070-8156-5459
영업시간 | 매일 12:00~20:30
홈페이지 | http://www.facebook.com/paindefrank

4 스팟 | 아날로그의 향수 | 레코드이슈

음악을 좋아하는 아빠라면 향수를 느낄 수 있는 곳이다. 공간을 반쯤 채운 LP판과 창 안쪽에 놓인 레코드 커버들이 빈티지함을 배가시킨다. 부담 없이 커피를 마시며 오래된 추억의 음악을 아이와 함께 들을 수 있다.

위치 | 서울특별시 용산구 이태원2동 258-227 1층
전화번호 | 02-6105-6139
영업시간 | 매일 15:00 – 22:00 / 월요일 휴무
홈페이지 | http://suysg6139.alltheway.kr

5 스팟

쉬엄쉬엄, 가위 바위 보!
경리단으로 오르는 계단

레코드이슈를 지나 10미터 앞 삼거리에서 오른쪽으로 걸어가면 회나무길과 경리단길을 연결해 주는 짧고 가파른 계단이 보인다. 그 언덕 위를 오르면 경리단길과 다시 만난다.

✪ 아이가 지쳐 보인다면 가위바위보로 계단 오르기를 해 보자. 아이는 놀이와 함께라면 힘든 것도 잘 참아낸다. 아이가 가장 힘들어 하는 것은 지루함이다.

✪ 계단을 오른 다음에는 경리단길을 따라 언덕을 내려갈 수도 있고, 산책로가 아름다운 남산공원으로 갈 수도 있다. 아니면 하얏트 호텔을 둘러 한강진역 방향으로 내려갈 수도 있다. 어떤 선택을 하든지 매력적인 산책 코스를 만날 수 있다.

COURSE 13

경리단길—
회나무길

미술소품 　 문오리 　 회나무길

블루밍런드

엉터리통닭

이태원숯불구이
2호점

세븐일레븐

동아약국

GS25

스텐딩커피

이태원우체국

렉서스
용산전시장

회나무길/경리단길 도보
녹사평역 2번 출구

① ②

녹사평역

문화 체험 공간이 가득한
이태원

한강진역에서 이태원역까지는 이태원로를 줄기로 주변에 크고 작은 문화예술 체험 공간이 자리를 잡고 있다. 한강진역 앞 블루스퀘어에서 시작해 남산 쪽으로는 삼성미술관 리움이 자리 잡고 있으며 음악 문화 공간 현대카드의 뮤직라이브러리와 바이닐 앤 플라스틱, 이슬람사원 등 이국적이고 독특한 공간들이 특히 많다. 외관이 특이한 건물도 많아 들어가 보지 않아도 산책길의 매력을 한껏 느낄 수 있다.

코스 소개 패션5 ··→ 삼성미술관 리움 ··→ 바이닐 앤 플라스틱 ··→ 오월의 종 ··→ 한남동 T자 골목 ··→ 옥탑방 ··→ 이슬람 사원 ··→ 라인프렌즈 플래그십 스토어 ··→ 이태원 앤틱 가구 거리 ··→ 오리지널 팬케이크 하우스

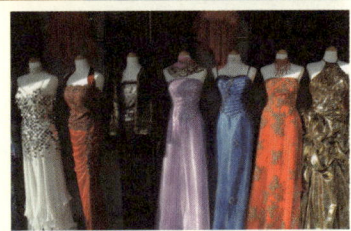

산책은 한강진역 3번 출구에서 시작된다. 패션5 길 건너 삼성미술관 리움을 둘러본다. 미술관은 외관만 보아도 좋다. 전시 관람을 하지 않더라도 지하까지 보도록 하자(아이들은 화장실을 이용할 수 있다). 다시 이태원로로 내려오면 길 건너편에 바이닐 앤 플라스틱이 보인다. 이태원역 쪽으로 조금 올라가면 빵집 앞에 줄을 선 모습을 발견할 수 있다. 오월의 종이다. 찻길을 건너 골목으로 들어가면 한남동 T자 골목을 만난다. 이슬람 사원을 오르기 전, 우사단 계단 오른쪽에 위치한 편집숍 옥탑방에 들러 보자. 라인 캐릭터숍 라인프렌즈를 지나 이태원역 삼거리에서 왼쪽으로 돌아가면 가구 거리가 나온다. 주택가를 지나 긴 산책 후에 오리지널 팬케이크 가게를 만나면 산책이 끝난다.

✪ 이후 경리단길(162페이지)로 코스를 연계할 수도 있다.

코스 매력 포인트

아이와 함께하는 이태원 산책 최고의 랜드마크는 이슬람 사원이다. 한강진은 최근 핫플레이스로 떠오르고 있어 어른이 즐길 거리가 많은 곳이다.

산책 전 알아 두세요!

한강진에서 이태원까지의 거리는 먼 편은 아니지만 언덕이 많은 산책 코스라서 골목골목 다니다 보면 아이가 지칠 수 있으니 느긋하게 산책하는 것이 좋다.

교통편

이태원 산책은 이태원역이 아닌! 6호선 한강진역 3번 출구에서 시작한다.

1 스팟 *good*
눈으로 먹는 빵가게
패션5

한강진역 근처에는 유명한 빵집이 많다. 그 중 패션5는 가장 널리 알려진 디저트 카페다. 맛본다는 표현보다 구경한다는 표현이 더 어울릴 정도로 다양한 빵을 볼 수 있다. 1층에서 빵을 구입한 후 1~3층에서 맛볼 수 있다.

❂ 4층에는 키즈카페를 운영한다.

위치 | 서울특별시 한남동 729-74 SPC 빌딩
전화번호 | 02-2071-9595
영업시간 | 매일 07:30-22:00

거장이 만든 건축물의 향연
삼성미술관 리움

리움 미술관은 삼성문화재단에서 2004년 개관한 곳으로, 알려진 바와 같이 이곳의 건축물 세 동은 세계적인 건축가들에 의해 지어진 '작품'이라 할 수 있다. 맨 위의 사진을 기준으로 왼쪽 깔때기 모양의 붉은 벽돌로 만들어진 'MUSEUM1'은 마리오 보타, 멀리 보이는 'MUSEUM2'는 장 누벨, 오른쪽 유리 벽면의 건물은 렘 쿨하스의 건축이다. 건축물들 사이로 난 길을 걸으며 거장의 작품을 감상할 수 있다.

걷다 보면 오른쪽 편으로 시야가 탁 트인 공간이 나온다. 미술관의 앞마당 격으로, 산비탈에 난 시원하고 너른 공간이라 아이와 함께 걷기 좋다. 애니쉬 카푸어의 '큰 나무와 눈'이라는 작품 앞에서 기념사진을 한 장 담아 좋은 추억거리를 만들어 보자.

미술관으로 들어가면 로비에 미술 작품 등 볼거리가 많다. 가장 눈에 띄는 것은 중앙 천정의 동그란 원이다. 앞서 산책로에서 본 마리오 보타의 붉은 벽돌 건축물 내부로, 마치 UFO 아래 서 있는 듯한 느낌을 준다. 아이와 함께 그 가운데에 서면 SF영화나 만화에 서처럼 UFO 안으로 빨려 들어갈 것만 같은 재미를 느낄 수 있다.

위치 | 서울특별시 용산구 한남동 747-18
전화번호 | 02-2014-6900
이용시간 | 매일 10:30 - 18:00 (매표 마감 ~17:30)
　　　　　　월요일 휴무
홈페이지 | http://leeum.samsungfoundation.org

3 스팟 | 아날로그 앤 뮤직
바이닐 앤 플라스틱

바이닐 앤 플라스틱은 현대카드에서 운영하는 레코드와 CD 판매점이다. 수익 사업이라기 보다는 브랜딩을 위해 만들어진 공간인 만큼 매력적인 콘텐츠로 가득 채워져 있다. 디지털이 대세로 자리 잡은 시대에 아날로그적인 감성을 불러일으키는 레코드판은 물론 턴테이블이나 음악 관련 악세사리도 판매한다.

✪ 한강진역과 리움 미술관 사이에 예술 공간과 독특한 카페, 음식점들이 즐비하다. 도로를 사이로 현대카드 뮤직라이브러리, 바이닐 앤 플라스틱이 있다. 아쉽게도 뮤직라이브러리는 아이와 함께 입장이 어렵다.

위치 | 서울특별시 용산구 한남동 683-131
영업시간 | 평일 12:00 - 21:00 / 일요일 · 공휴일 12:00 - 18:00 /
  월요일 · 설 · 추석 연휴 휴관
홈페이지 | http://vinylandplastic.hyundaicard.com/index.do

4 스팟 | 건강한 프랑스식 발효빵
오월의 종

오월의 종은 속은 촉촉하고 겉은 바삭한, 담백하고 건강한 프랑스식 발효빵을 주로 판매한다. 유명세에 비해 가격이 저렴하여 부담 없이 맛보고 즐길 수 있는 곳이다. 영업시간과 관계없이 빵이 모두 팔리면 문을 닫으니 서둘러야 한다.

✪ 리움 미술관 근처에 2호점이 있으며, 영등포 타임스퀘어에도 있다.

위치 | 서울특별시 용산구 한남동 737-2 백목빌딩 1층 2호
전화번호 | 02-792-5561
영업시간 | 매일 11:00 - 18:00 / 명절 휴무

5 스팟 good

골목골목에 묻은 유니크함

한남동 T자 골목

투박하지만 발길을 이끄는 이곳. 요즘 이슈가 되고 있는 한남동 T자 골목이다. 초입에서 보면 흔한 주택가 골목의 풍경과 다름없지만 걸음을 옮길 때마다 범상치 않은 기운을 느낄 수 있는 숍들이 숨바꼭질하듯 숨어 있다. 아티스트숍, 카페, 갤러리 등 많은 예술가들의 개성이 드러나는 유니크한 가게들이 행인의 발걸음을 수시로 멈춰 세운다. 홍대 일대의 가게들에 비해 노골적이지 않아서 정감 있는 곳이다.

위치 | 서울특별시 용산구 한남동(지도 표기)

6 good 스팟

호기심 가득한 공간
옥탑방

이태원에는 톡톡 튀는 아이디어 상품과 여러 가지 소품들을 만나 볼 수 있는 잡화점이 많다. 앞서 소개한 경리단길의 '미술소품'이 여성 취향이라면 옥탑방은 다분히 남성 취향의 잡화점이다. 가게 안에 들어서면 소품 하나하나 흔히 찾아 볼 수 없는 물건들로 가득 차 있어 호기심을 자극한다.

위치 | 서울특별시 용산구 한남동 732-173
전화번호 | 02-792-1150
영업시간 | 평일 10:30 - 20:00 / 토요일 13:00 - 20:00 / 일요일 휴무
홈페이지 | http://oktopbang.com/

7 good 스팟

이국적인 경치를 즐기다
이슬람 사원

이태원 산책의 하이라이트라 할 수 있는 이슬람 사원(한국이슬람
교중앙회)은 이슬람교 한국 선교의 총 본산이다. 1970년 한국 정부
로부터 부지를 지원받고 세계 이슬람 국가들의 지원금으로 지어
진 건축물이다. 독특한 이슬람 양식의 건축물 앞에서 사진 한 장
을 담는 것만으로도 충분히 가 볼 만한 곳이다.

✪ 이슬람 사원 입구 옆으로 살람베이커리라는 터키식 베이커리가 있
다. 경험 삼아 한번쯤 맛보는 것도 좋다. 참고로 터키 전통과자는 매
우 달다. 명심하자.

위치 | 서울특별시 용산구 한남동 732-21
전화번호 | 02-793-6908
홈페이지 | http://www.koreaislam.org/

8 스팟

아이와 함께 둘러보는 캐릭터숍

라인프렌즈 플래그십 스토어 이태원점

이태원에 아이와 함께 가면 꼭 캐릭터 숍 라인프렌즈 스토어에 가 보도록 하자. 1, 2층에는 각종 캐릭터 상품과 초대형 라인 캐릭터와 기념사진을 담을 수 있는 포토존이 마련되어 있으며 3층은 카페로 이루어져 있다.

위치 | 서울특별시 용산구 이태원동 126-3
전화번호 | 02-790-0901

9 스팟

이색적인 가구가 한가득
이태원 앤틱 가구 거리

이태원 가구 거리는 고향으로 돌아가는 미군들이 사용하던 가구를 처분하면서 시작되었다고 한다. 현재는 아시아와 유럽풍의 다양한 고가구상들이 모여 '앤틱 가구 거리'가 형성되었다. 역에서 다소 떨어진 거리에 위치해 있지만 다양한 디자인의 가구들을 살피며 걷는 재미가 쏠쏠하다.

위치 | 서울특별시 용산구 이태원동(지도 표기)

10 스팟 good

서울 속 USA
오리지널 팬케이크 하우스

정통 미국식 팬케이크 음식점이다. 이태원이라는 지역 자체도 그렇지만, 가게 안의 인테리어는 정말 미국에 들어온 것 같은 분위기를 느끼게 해 준다. 메뉴가 다양해 주문하기까지 시간이 꽤 걸리지만 주문하면 음식은 빨리 나온다.

★ 양이 많다. 아이와 함께라면 1인 1식을 시키지 않아도 된다. 주변을 둘러보고 주문하자.

★ 주말이면 잠깐의 대기가 필요하다.

위치 | 서울특별시 용산구 이태원동 172-2 덕흥빌딩 1층
전화번호 | 02-795-7481
영업시간 | 매일 08:00 - 22:00 Last order 21:00

COURSE 14

이태원

해밀톤호텔

데이톤

오리지널 팬케이크 하우스

이태원역

녹사평역

KEB하나은행

①

②

④

④

국민은행

아웃백

맥도날드

이태원시장

헤롯앤틱
갤러리

3239
lodge

신용자동차
공업사

브라운앤틱

사우디아라비아
왕국대사관

이태원 앤틱 가구 거리

서울용산
국제학교

블루스퀘어

②

① ③

한강진역 3번 출구

한강진역

그랜드하얏트
서울

패션5

삼성미술관 리움

꼼데가르송

아우디
용산전시장

오월의종

바이닐 앤 플라스틱

우리은행

새마을금고

오월의 종

한남동 T자 골목

임피리얼팰리스
부티크호텔

한남동도서관

온더보더
이태원점

한남동
주민센터

라인프렌즈

이태원119
안전센터

옥탑방

이슬람 사원

허거스

내셔널마트

보광초등학교

PART 02

서울 대표 스팟

서울 산책이라면 꼭 가 봐야 하는

★한강★

한강은 서울의 서로 다른 두 개의 풍경을 만날 수 있는 공간이다. 하나는 자연 풍경이고 하나는 도시 풍경이다. 이는 각각 구분되는 것이 아니라 얽히고 계절까지 더해져 다채로운 산책 경험을 선물해 준다. 이는 서울 어느 곳에서도 공평한 거리에 닿을 수 있는 한강만의 매력이다.

한강에 가고 싶다면 가장 가까운 곳으로 가면 되겠지만, 아이와 함께라면 이야기가 다르다. 강변이 다 똑같다고 생각할지 모르지만 요즘 한강은 지역별로 테마가 달라 골라가는 재미가 있다. 너른 잔디밭을 원한다면 난지 한강공원으로, 아이들이 좋아하는 물놀이는 여의도 물빛광장을 찾아가 보자. 그 외에도 다양한 즐길 거리가 가득한 곳, 한강의 매력적인 스팟을 함께 즐겨 보자.

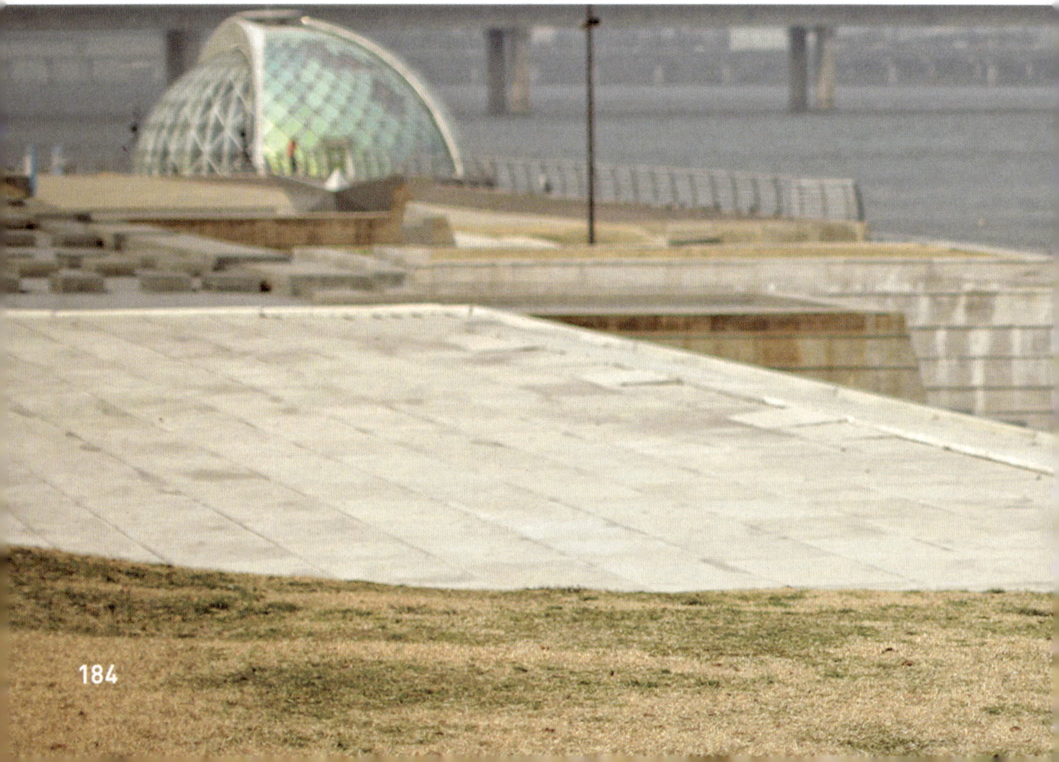

✳ 산책 코스 소개 ✳

스팟 1
여의도

대중교통 접근성이 좋고
도심 속 스카이라인을
만날 수 있는 곳

스팟 2
난지 한강공원

아이들을 위한 시설이 많
아 아이와 어른 모두 만족할
수 있는 곳

스팟 3
반포대교 · 한강 잠수교

달빛무지개분수, 세빛섬 등
밤이 아름다운 곳

코스 1
마포 한강변 산책로

아담한 오솔길처럼
굽이굽이 걷는
재미가 있는 산책길

산책 전 알아 두세요!

집을 나서기 전, 반드시 날씨를 확인하자. 환절기에는 기온차가 크니 더욱 유의해야 한다. 또한, 차가운 강바람
에 대비해 옷을 따듯하게 입어야 한다. 봄에는 미세먼지도 심하니 마스크도 필수다. 아이와 함께 산책을 위해
나선다면 물과 간단한 간식을 준비하자. 킥보드를 준비하면 아이의 지루함을 다소 덜 수 있다.

- GUIDE -

한강

상암동
MBC신사옥

안산

196p

노을공원

난지 한강공원

210p

선유도공원

마포 한강변 산책로

188p

국회의사당

여의도

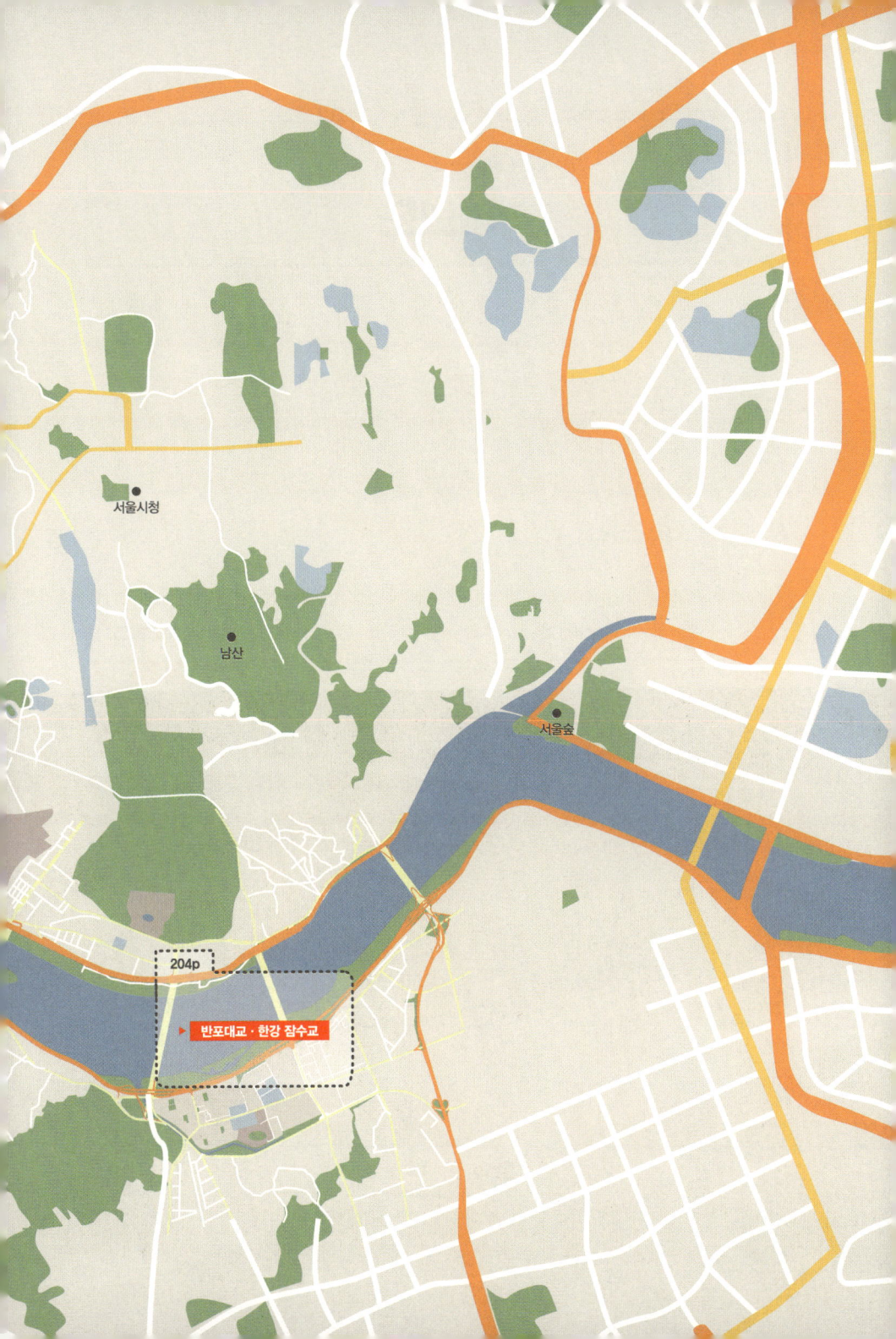

서울시청

남산

서울숲

204p

▶ 반포대교 · 한강 잠수교

탁 트인 해방감을 느낄 수 있는
여의도

여의도 한강시민공원의 매력은 개방감이다. 모든 한강변이 대부분 탁 트인 시야를 가지고 있지만, 이곳이 더욱 특별한 이유는 아파트가 병풍처럼 늘어선 흔한 한강변 풍경과 달리 강 건너 도심의 모습을 먼발치에서 볼 수 있어서다. 또한 다른 어떤 한강공원보다 접근성이 좋고 넓으며, 편의시설이 잘 마련되어 있어 주말이면 다양한 목적으로 이곳을 찾는 시민들이 많다.

스팟 소개 ● 여의도물빛광장 ● 서울 마리나 클럽&요트 ● 여의도공원 ● IFC몰 ● 63스퀘어 ● 여의도 샛강생태공원

단정하게 정돈된 넓은 잔디광장, 물빛광장, 유람선 등 즐길 거리가 많다. 주말이면 수변 무대에서 다채로운 행사도 진행된다. 인근 IFC몰, 63스퀘어, 여의도공원과 연계해 영화도 보고 식사도 하면서 몰링을 즐길 수 있어 도심 속 한강을 즐기기에는 최적의 장소다.

교통편 여의도 한강시민공원은 5호선 여의나루역 2, 3번 출구, 여의도공원은 5호선 여의도역, 샛강생태공원은 9호선 샛강역에서 접근이 용이하다. 주말이면 북새통을 이루는 여의도 시민공원 주차장은 마포대교를 중심으로 왼쪽/오른쪽 한강변에 주차가 가능하다.

스팟 매력 포인트

아이들이 좋아하는 물빛광장.

산책 전 알아 두세요!

한강시민공원과 생태공원을 하루에 걷는 것은 아이에게 체력적 부담과 지루함을 경험하게 할 수 있으니 스팟별로 한 곳 만 선정해 즐기는 것이 좋다. 물빛광장은 여름에, 샛강생태공원은 봄가을이 좋다.

1 good 스팟

시원한 물놀이를 즐기자
여의도 물빛광장

해마다 여름, 여의도 물빛광장에는 물놀이를 하는 어린이들이 많다. 오전 9시부터 분수 등 물순환이 가동되며, 여의나루역 근처부터 마포대교 밑으로 조성된 인공수로도 아이들에게 인기가 많다. 마포대교 밑에는 햇살을 피해 다리 밑 그늘로 모여든 시민들로 텐트촌이 형성된다.

위치 | 서울특별시 영등포구 여의도동 8(마포대교 옆 한강변 / 지도 표기)

2 good 스팟

요트를 타고 한강 속으로
서울 마리나 클럽&요트

평소 눈으로만 바라보던 한강 속으로 직접 들어가 보는 것만으로도 한강의 새로운 매력을 느끼기에 충분하다. 반포, 양화, 이촌 등지에서도 요트를 탈 수 있지만 아이와 함께 즐기기에는 여의도가 좋다. 작은 요트라 흔들림이 있지만 조심하여 뱃머리에서 기념사진을 찍을 수도 있다.

✪ 요트 위에서는 아직 물에 빠진 사람은 없다고 하나, 안전에 유의하자.
✪ 강이라 바람이 많으니 5월 이후에 이용할 것을 추천한다. 해가 지는 시간대에 예약하는 것이 좋다.

위치 | 서울특별시 영등포구 여의도동 81
전화번호 | 02-3780-8400
요트승선 | 11:30 - 21:00(break time 14:00 - 18:00)
홈페이지 | http://www.seoul-marina.com/

3 스팟

레저와 먹거리를 한 번에
여의도공원

주중에는 주변 직장인들의 쉼터 역할을, 주말이면 가족과 연인들의 휴식 공간으로 사랑받고 있는 공원이다. 자전거와 인라인을 대여해 탈 수 있는 광장도 있고, 여의도 공원 KBS 건물 사이에 카페와 음식점들이 형성되어 있어 놀거리 먹거리 모두를 한 번에 즐길 수 있다.

위치 | 서울특별시 영등포구 여의도동 2
전화번호 | 02-761-4079
홈페이지 | parks.seoul.go.kr/yeouido

4 스팟 | 쇼핑의 천국 **IFC몰**

최근 여의도에서 가장 핫한 장소로, 주변 직장인들과 쇼핑을 좋아하는 사람들을 겨냥한 쇼핑몰이다. 100개가 넘는 의류 브랜드와 영풍문고, CGV, 식당가가 입점해 있다.

위치 | 서울특별시 영등포구 여의도동 23 IFC몰 B1 / 여의도역 지하 보도 연결 도보 10분
전화번호 | 02-6137-5000
영업시간 | 10:00-22:00 매장별 상이
홈페이지 | http://www.ifcmallseoul.com/

5 스팟 | 서울의 상징적인 건물 **63스퀘어**

63빌딩은 우리나라 최고층의 자리를 담당해 온 상징적인 건물이다. 국내 최고층의 자리를 물려준 지금, 의미는 퇴색되었지만 한강을 가장 가까운 자리에서 내려다 볼 수 있는 것만으로도 여전히 매력적인 곳이다. 최근 리뉴얼되어 63스퀘어라는 이름으로 운영 중이며 기존 수족관도 한화 아쿠아플라넷 63으로 새단장되는 등 보다 새로워졌다.

위치 | 서울특별시 영등포구 여의도동 60 한화금융센터_63
전화번호 | 02-780-6382
영업시간 | 매일 10:00-22:00
홈페이지 | http://www.63.co.kr/

6 스팟 | 자연 속을 거니다
여의도 샛강생태공원

샛강생태공원은 국내 최초로 조성된 생태공원으로 면적이 무려 18만 제곱미터에 이른다. 평일에는 인근 직장인들의 산책로로, 여름에는 반딧불이 체험 등 아이들의 자연학습 프로그램의 장으로 활용되고 있다. 여의도 샛강생태공원에는 금낭화, 달맞이꽃 등 다양한 식물과 곤충, 조류, 어류 등이 살고 있다. 자연보호 및 생태 보존을 위해 매점이 없으니 물과 간식을 미리 준비하는 것이 좋다. 숲 속을 걷는 것도 좋고 공원을 길게 가로지르는 샛강 다리 위에 앉아 녹색 풍경을 바라보는 것도 좋다.

❂ 샛강생태공원은 겨울철보다는 따듯한 계절에 찾아가는 것이 좋다. 지하철에서 접근하려면 한참 걸어야 하고 공원 내에 딱히 앉아 쉴 수 있는 곳도 없으니 아이의 컨디션을 고려해 산책해야 한다. 여의도공원과 샛강생태공원은 가까이 있으나 두 곳을 하루 코스로 잡았다면 절대 걸어 갈 생각은 하지 말자. 아이에겐 무리다.

위치 | 여의도역 1번 출구 도보 10분 거리 / 신길역 2번 출구에서는 샛강 다리를 건너면 만날 수 있다.
전화번호 | 02-3780-0570

SPOT 01

여의도

서울 마리나 클럽&요트

국회의사당역

영등포시장역

신길역

영등포역

여의도물빛광장

여의도공원

IFC몰

여의나루역
① ② ④

여의도
한강공원

③ ④ ⑤
② ①
⑥
여의도역

63스퀘어

여의도 샛강생태공원

① ② ③
④
샛강역

⑥
대방역
⑤
④ ①
③ ②

노량진역

아이들과 함께 가는 한강
난지 한강공원

아이들과 함께 가기 좋은 한강공원은 어디일까? 한강을 지역별로 다니다 보면 가족 단위로 가장 많이 찾는 곳은 난지와 여의도다. 반포나 뚝섬 쪽은 데이트를 즐기는 연인이나 젊은이들이 보다 많기 때문이다. 난지 한강공원은 특히 아이들과 체험할 수 있는 활동들이 다양하다.

스팟 소개 ● 난지생태습지원 ● 젊음의광장 ● 모래놀이장 ● 자전거 공원 ● 난지물놀이장

난지 한강 지구에는 사람의 손길이 만들어낸 녹색 공간이 많다. 도시의 생활폐기물을 매립하던 곳을 개발해 넓은 잔디밭과 산책로, 인공 연못 등으로 조성해 자연생태계를 복원했다. 난지 한강공원은 '젊음의 광장', '잔디마당' 등 한강에서 가장 넓은 공터를 가지고 있어 아이들과 함께 캠핑, 자전거, 공놀이, 모래놀이터 등을 즐길 수 있다. 여름에는 수영장처럼 즐길 수 있는 수변시설도 개방되어 사철 내내 아이와 함께할 수 있는 곳이다.

스팟 매력 포인트

넓은 잔디를 가지고 있으며 모래놀이터, MTB 체험장, 족구장 등 아이와 즐길 수 있는 체육 시설이 많다.

산책 전 알아 두세요!

난지 지구는 가급적 자가용을 이용해 접근하는 것이 좋다. 넓은 공간에서 탈 수 있는 자전거나 인라인을 챙겨 가도록 하자. 공원이 넓기 때문에 아이를 고려하여 화장실 근처로 자리를 잡는 것이 좋다.

교통편 난지 한강공원은 인근 지하철이 없어 접근이 불편하다. 주차 시설이 넓으므로 차로 이동하는 것을 추천한다. 대중교통으로 이동할 경우 상암 월드컵경기장에서 걸어서 30분, 2·9호선 당산역에서 9707번 광역버스를 타고 난지 한강공원 정류장에 하차하는 방법이 있다.

도심 속 자연 난지생태습지원은 인공 습지이며 규모는 5만 7600제곱미터에 이른다. 입장료도 없고, 사람도 많지 않아 아이와 산책을 하기에 안성맞춤이다. 길은 한적한 오솔길과 나무 데크로 만들어진 생태관측로로 구분할 수 있다. 생태습지 방문은 동식물의 움직임이 활발한 늦봄부터 가을까지가 최적이지만 3월에도 조용하게 산책을 하기에 좋다. 습지의 역할이나 생물 관찰을 위해 찾는 교육적 의미가 강한 곳이지만 서울에서 아이들이 만나기 힘든 흙길을 그저 뛰어 놀고 함께 걷는 것만으로도 충분히 좋은 곳이다. 난지생태습지원을 지도로 보면 강옆 작은 섬까지 걸쳐 있는 커다란 원을 확인할 수 있다. 사람이 접근하기 어려운 지역에 동그란 나무 데크를 설치해 습지의 한가운데를 지나가며 관찰할 수 있게 배려한 시설이다. 이곳까지 함께 산책하도록 하자.

⭐ 물과 간식, 모자 그리고 킥보드가 있다면 함께 지참하자. 자전거는 출입이 제한되어 있다.

위치 | 자가용 : 난지캠핑장 옆 주차장을 이용 / 지하철 : 상암 월드컵경기장역 도보 30분 / 버스 : 2•9호선 당산역에서 9707번 탑승 난지한강공원 정류장 하차

소요거리/시간 | 2Km 이내 1시간

2 _{good}스팟 | 너른 잔디밭에서의 휴식
젊음의광장

어른들은 물론 아이를 동반한 가족들도 함께 즐길 수 있는 너른 잔디가 있는 광장이다. 공놀이 등 운동을 즐기거나 한가로이 쉴 수 있어 인기가 많다. 각종 페스티벌과 대형 행사도 이곳에서 진행된다.

전화번호 | 한강공원 난지 안내센터 02-3780-0611~2
이용시간 | 연중무휴
주차시설 | 4개소, 545대 주차 가능
홈페이지 | 한강사업본부 http://hangang.seoul.go.kr/archives/3021

3 _{good}스팟 | 조물조물 모래놀이터
모래놀이장

아이들이 시간 가는 줄 모르고 놀 수 있는 모래놀이터다. 모래놀이장은 젊음의광장과 자전거 공원 사이에 위치해 있다.

⭐ 5살 미만의 유아를 가진 부모라면 모래놀이장을 추천한다.

위치 | 지도 표기

199

4 good 스팟 다양한 익스트림 스포츠를 즐기다
자전거 공원

스케이트, 자전거, 보드 등 익스트림 스포츠를 즐길 수 있는 익스트림장과 산악자전거를 체험할 수 있는 MTB 코스가 조성되어 있다. 평평한 바닥부터 경사가 있는 언덕, 산악자전거를 체험할 수 있는 거친 지형까지 속도감과 자유로움을 만끽할 수 있다. 아이들이 자전거를 타고 놀 수 있는 공간도 충분하다.

✪ 킥보드, 롤러스케이트 등을 챙겨 가도록 하자. 사고에 대비하여 보호 장비를 꼭 착용해야 한다.

위치 | 지도 표기

5 스팟

한강에서 즐기는 물놀이장
난지물놀이장

한강을 배경으로 물과 함께 뛰어 놀 수 있는 물놀이장이다. 물이 깊지 않아 어린아이들이 안전하게 물놀이를 할 수 있다. 가족·단체들이 많이 찾아오는 휴식 공간이다.

❂ 여름에만 한시적으로 운영되니 운영 기간을 잘 살펴보고 가도록 하자.

위치 | 서울특별시 마포구 상암동 487-257(지도 표기)
전화번호 | 02-3780-0611
홈페이지 | http://www.seoul.go.kr/event/hanriver/

주변 볼거리

선유도공원

선유도는 1978년 서울 서남부의 수돗물을 정수하는 곳으로 활용되어 일반인의 출입이 통제되다가 월드컵이 개최되었던 2002년 이후 아이들을 위한 놀이터, 인공생태연못, 원형극장, 산책로, 한강을 조망할 수 있는 전망대 등의 생태공원이 조성되었다. 기존 정수장 시설을 그대로 보존한 채로 시민들에게 개방되었으며, 연인들의 데이트 코스로, 아이들과 함께하기에도 좋은 공간을 제공한다.

위치 | 서울특별시 영등포구 양화동 95
합정역에서 603, 760, 5714, 7612 한강 방면으로 승차 후 선유도공원 정류장에서 하차(1정거장)
전화번호 | 02-2631-9368
홈페이지 | parks.seoul.go.kr/seonyudo

노을공원

노을캠핑장

바람으

난지생태습지원

생태섬

한강야생
탐사센터

관리사무소

가양대교

난지캠핑장

난지한강공원

젊음의광장

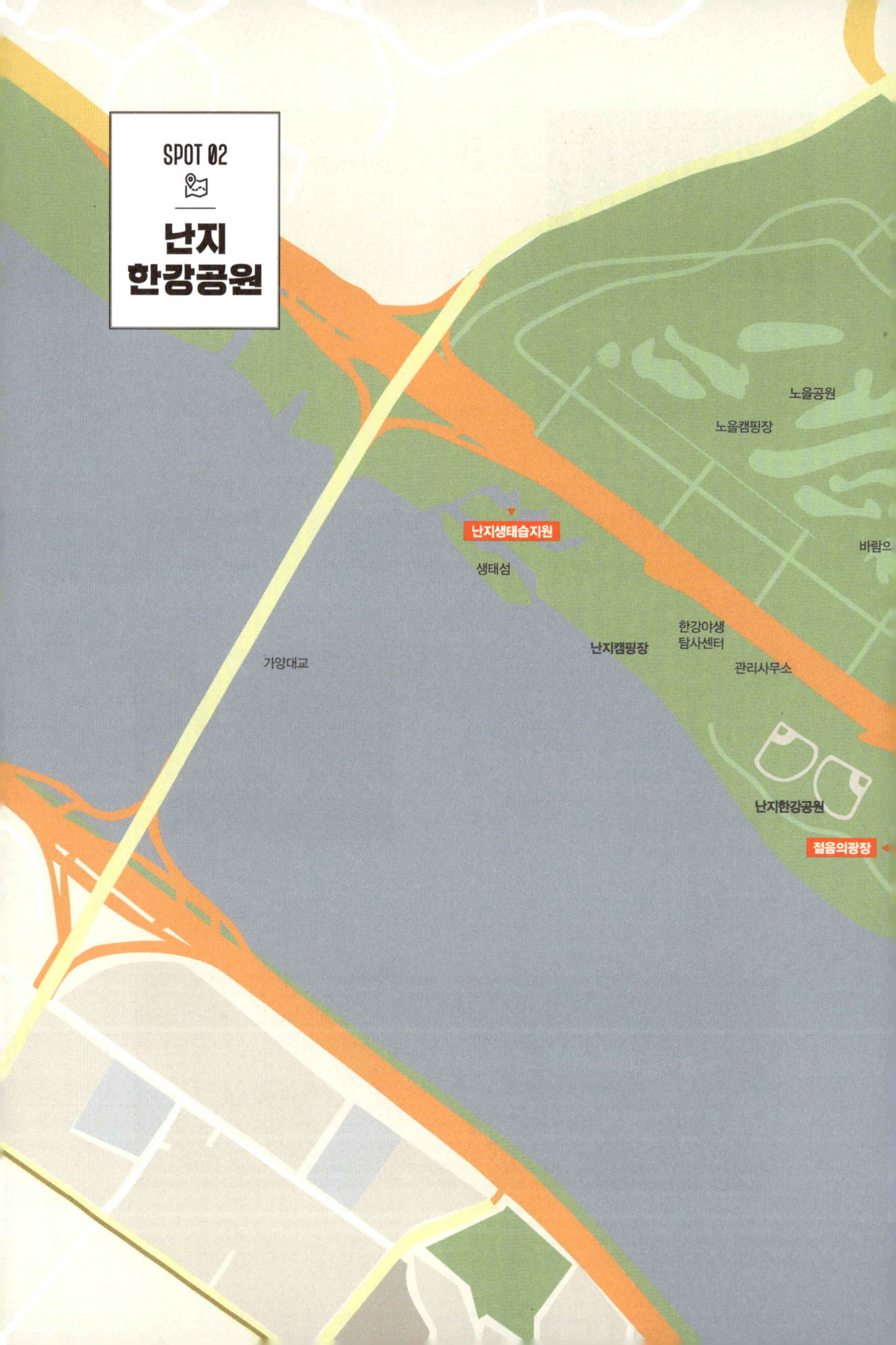

밤에 태어나는 한강

반포대교·한강 잠수교

용산구와 서초구를 잇는 다리로 한국 최초의, 그리고 한강에서 유일한 2층 교량이다. 2층은 반포대교로 달빛무지개분수가 유명하고 1층은 잠수교로 이름처럼 한강 물이 불어나면 물 아래로 잠긴다. 잠수교는 인도 중심으로 되어 있어 가장 낮은 높이로 한강을 건널 수 있다. 데이트나 산책, 운동을 하는 사람들이 많이 찾는 곳이다.

스팟 소개 ●달빛무지개분수 ●세빛섬 ●서래섬

반포대교를 기준으로 강북은 이촌 한강공원, 강남은 반포 한강공원이다. 책에서는 반포 지구 위주로 소개하고 있지만 한강철교에서 반포대교까지 4km에 걸쳐 있는 이촌 한강공원도 아이와 함께 나들이하기에 좋다. 강변을 따라 억새와 꽃들이 계절에 따라 무리지어 피는 한적한 산책로가 조성되어 있고 각종 운동시설과 인라인스케이트장 등 다양한 즐길 거리가 많다. 어린이를 위한 놀이터도 마련되어 있어 인기가 많다.

교통편 한강 반포 지구는 인근 9호선 지하철이 있으나 멀리 떨어져 있어 차로 방문하는 편이 좋다. 주차는 한강 주차장을 이용하면 된다. 버스는 405번과 740번 버스를 이용한다.

스팟 매력 포인트

이촌 지구 왼쪽 끝에 있는 용산철교 아래서 지하철과 기차가 지나가는 모습을 감상하자. 아이들이 좋아한다. 반포대교 근처 어린이 놀이터가 아이들에게 인기가 좋다. 달빛무지개분수는 반포 지구에서 보는 것이 좋다. 반포대교를 중심으로 세빛섬 반대편 쪽이 뷰 포인트다(지도 표기).

산책 전 알아 두세요!

이촌 지구, 반포 지구는 범위가 넓고 도로가 잘 닦여 있어 퀵보드나 자전거로 이동해도 좋다. 반포대교의 명물 달빛무지개분수는 겨울철에는 운영되지 않으며 4월 이후에 가동된다.

1 스팟 | 환상적인 야경을 즐기고 싶다면
달빛무지개분수

반포대교에는 세계에서 가장 긴 달빛무지개분수가 반포 한강공원 교량 양쪽에 설치되어 있어 무지개와 같은 아름다운 분수를 감상할 수 있다. 특히 야경이 아름답다. 다리 아래 놓인 잠수교로 한강을 건널 수 있어 산책을 즐기기 위해 찾는 연인이나 가족들이 많다.

위치 | 서울특별시 서초구 반포동 115-5
전화번호 | 02-591-5943(무지개분수 사무실 02-3780-0578)
홈페이지 | http://hangang.seoul.go.kr/archives/3740
가동 시간 | 각 20분 / 매일 5~8회 가동(성수기, 비수기, 평일, 휴일에 따라 가동 시간 상이) 자세한 시간표는 한강사업본부 홈페이지(http://hangang.seoul.go.kr) "한강즐기기" 메뉴 ···→ 분수 참고

2 스팟 | 형형색색 조명의 화려함
세빛섬

한강에 색다른 수변 문화를 즐길 수 있도록 조성된 복합 문화 공간이다. 물 위에 떠 있는 플로팅 형태의 건물에는 식당, 웨딩, 커피숍, 및 문화 체험 공간이 다채롭게 섞여 있다. 특히 형형색색 빛나는 건물 외관의 조명으로 밤에 더욱 아름답다.

위치 | 서울특별시 서초구 반포동 650
전화번호 | 1566-3433
홈페이지 | http://www.somesevit.co.kr/

3 스팟 | 노란 유채꽃밭 즐기기
서래섬

반포대교와 동작대교 사이 한강 반포 지구에서 세 개의 다리로 연결되어 있는 인공섬이다. 반반한 지형으로, 봄이면 유채꽃밭이 유명하다. 1년 내내 공원에는 예쁜 꽃과 벤치가 잘 조성되어 있다. 수양버들이 피어 있는 물가 아래에서 낚시하는 모습을 볼 수도 있다.

위치 | 서울특별시 서초구 반포동 서래섬(지도 표기)

주변 볼거리

서울숲

꽃사슴이 사는 숲. 서울숲은 뚝섬 위에 만든 생태숲으로 서울 어느 곳보다 아이와 함께할 수 있는 활동들이 잘 갖춰진 공원이다. 곤충 식물원, 숲속 놀이터는 말할 것도 없고 넓은 잔디에서는 공놀이를 즐기며 뛰어 놀 수 있으며 연못, 숲속길, 야외무대 등 다양한 즐길 거리가 가득하다. 산책을 즐기며 돌아다녀도 좋고 한곳에 앉아 쉬어도 좋다. 단점이 있다면 공원의 넓이에 비해 주차장이 협소하여 주말이면 주차 전쟁을 치뤄야 한다는 점이다.

교통편 | 2호선 뚝섬역 8번 출구에서 도보 15분 / 1호선 응봉역에서 도보 20분

SPOT 03

반포대교 ·
한강 잠수교

한강

동작대교

서ᄅ

▶ 서래섬

서래3교   반포한강공원
서래2교

걷는 한강의 즐거움
마포 한강변 산책로

한강 시민공원은 시야가 넓은 공원이 대부분이지만 좁은 오솔길처럼 걷는 재미를 느낄 수 있는 마포의 한강변 산책로도 있다. 마포대교부터 양화대교까지 강북 한강변은 좁은 지형 때문에 차들조차 다리 위로 다니는 곳이다. 한강과 아파트 사이에 좁은 통로에는 자전거, 인라인 등 생활 체육을 즐기는 시민들을 위한 2차선의 자전거 도로와 함께 총 4km 구간의 산책로가 끊김 없이 조성되어 있다.

코스 소개 마포역 1번 출구 ➝ 마포나들목 ➝ 현석나들목 ➝ 서강대교진출입로 ➝ 상수나들목 ➝ 절두산 순교성지 한강진출입로 ➝ 버튼업 다이너 앤 카페

마포역 1번 출구로 나와 인도를 따라 걷다 보면 한강으로 접근할 수 있다. 서강대교 방향으로 산책을 시작해 보자. 아담한 오솔길은 좁지만 아이와 함께 걷기에 부족함이 없다. 강을 따라 뱀의 허리처럼 휘어지는 지형 덕에 밤섬과 강 건너 풍경을 즐겁게 감상할 수 있다. 가다가 아이가 지치면 도중에 산책을 중단할 수도 있다. 1.4km, 1.7km, 2km 지점에 마을로 이어지는 통로를 만난다. 아이의 체력이 충분하다면 절두산 순교성지까지 걸어 보자. 마포–절두산 성지까지의 한강 길은 총 3.3km의 구간으로, 1시간이면 걸어갈 수 있는 코스다. 산책 후에는 합정역 골목에 숨은 카페를 찾아 다녀도 좋고 출출하다면 구석구석 숨어 있는 음식점에 들러 보는 것도 좋다.

코스 매력 포인트

강 건너 여의도와 밤섬의 아름다운 풍경을 함께할 수 있는 산책 코스다.

산책 전 알아 두세요!

지치면 쉬어 갈 의자가 놓여 있으며 체육 시설도 있어 아이의 놀이터 역할을 한다.

교통편

5호선 마포역 1번 출구로 나와 한강으로 걸어가면 마포나들목이 나온다.

1 스팟

가톨릭교의 역사를 만나다

절두산 순교성지

가톨릭교 신자들을 붙잡아 처형했던 장소로, 천주교 신자들에겐 슬픈 역사가 있는 곳이다. 가톨릭교와 관련된 자료, 박물관 등 오래된 기록과 역사를 배울 수 있다.

위치 | 서울특별시 마포구 합정동 96-1
전화번호 | 02-3142-4434
관람시간 | 09:30 – 17:00 / 월요일 휴관
홈페이지 | www.jeoldusan.or.kr/
관람요금 | 천주교 단체 : 정성 어린 헌금
　　　　　　기타 단체 : 예약 시 1,000원
　　　　　　　　　　　미예약 시 2,000원
　　　　　　　　　단체 10명 이상 2주 전 예약 필수

2 스팟 | 산책 후 허기짐을 채우자
버튼업 다이너 앤 카페

하와이안×일본풍 음식을 맛볼 수 있는 식당이다. 하루에 40인 분 정도만 준비해서 판매하기 때문에 재료가 소진되면 영업을 하지 않는다. 테이블도 많지 않아 줄을 서서 기다리는 모습을 흔히 볼 수 있다. 하와이안 로꼬모꼬와 파스타가 맛있고 후식도 제공하니 맛과 가격을 고려하면 가성비가 훌륭하다.

✪ 블로그에서 운영시간을 확인하고 가도록 하자.

위치 | 서울특별시 마포구 합정동 366-7 1층
전화번호 | 010-5351-1643
블로그 | http://blog.naver.com/mavourneen

COURSE 01

마포 한강변 산책로

KT&G
상상마당

홍익대학교
서울캠퍼스

외우

합정역

농협은행

우리은행

합정시장   성산중학교

상수역

버튼업 다이너 앤 카페

양화진외국인
선교사묘원

상수동
사거리

한강변
야

선착장

상수나들목

절두산 순교성지 한강진출입로

강변타운

절두산 순교성지

서강대교진출입로

당산철교

서강대교

서강대역

대흥역

광흥창역

중동
거리

신수동
사거리

마포강변힐스테이트
아파트

현석나들목

강변그린
아파트

한강삼성
아파트

마포역 1번 출구

② ③
① 국민은행
④ 마포역

마포나들목

밤섬

마포대교

서울을 한눈에
★ 서울 성곽길 ★

서울에는 조선왕조 600여 년간 오랑캐나 왜적으로부터 백성을 보호하고 한양을 지키기 위해 쌓아 놓은 성곽의 흔적이 남아 있다. 조선을 건국한 태조 이성계가 한양을 수도로 삼고 북악산·인왕산·남산·낙산을 실측해 이 네 산을 연결하는 성터를 결정했는데 이곳이 최근 서울 시민들의 트래킹 코스로 사랑을 받고 있다. 서울 성곽길 코스는 역사적으로도 의미 있는 산책 코스이면서 산과 산으로 이어져 있어 서울 시내의 풍경을 한눈에 바라볼 수 있는 곳이다. 전체 구간 중 아이와 함께 등산을 겸해 산책하기 좋은 성곽길 코스와 스팟을 엮어 소개한다. 아이와 산책에는 서대문 인왕산 입구부터 동대문까지의 산길과 주변 마을을 엮어 세 개의 코스로 나누었다. 아이의 체력을 고려한다면 이중 하나의 코스만 골라 산책하는 것을 권한다.

✳ 산책 코스 소개 ✳

코스 1
인왕산 구간과 부암동

창의문을 만날 수 있다.

난이도

어린아이들에게는 다소
힘들 수 있다. 6살 이상.

코스 2
북악산 구간과 계동 · 원서동

숙정문을 만날 수 있다.

난이도

계단이 다소 가파른 곳이 있으니
주의가 필요하다. 6살 이상.

코스 3
낙산 구간과 이화동

흥인지문을 만날 수 있다.

난이도

언덕과 계단이 있지만
천천히 걸으며 산책한다면
어렵지 않다.

산책 전 알아 두세요!

❶ 서울 한양도성 스탬프 투어

서울 한양도성 스탬프 투어는 숙정문, 흥인지문, 숭례문, 돈의문을 기준으로 하는 4개의 코스로 구분되어 있다. 각 코스별로 구간을 돌며 지정된 장소에서 스탬프를 받을 수 있으며 완주하면 서울 한양도성 완주 기념 배지를 받을 수 있다.

❷ 트래킹 어플 램블러

ramblr는 글로벌 아웃도어 블로깅 어플리케이션으로 GPS를 이용하여 자신이 있는 위치, 이동 동선 등을 지도 위에 표시해 준다. 사진, 영상, 메모, 음성을 남길 수 있어 여행기를 기록할 수 있다.

❸ 서울 한양도성 관광 안내 지도

아래 홈페이지에서 서울 성곽길의 자세한 정보를 얻을 수 있다.

※ 종로구 역사문화 관광 사이트(관광 안내 지도 링크)
seoulcitywall.seoul.go.kr

⭐ 해당 코스는 일부 등산을 포함하고 있기 때문에 가벼운 백팩과 등산화를 준비하는 것이 좋다. 물과 간식도 꼭 챙기도록 한다.

⭐ 유모차는 이동하기 어렵다.

- GUIDE -

서울 성곽길

숙정문

산모퉁이

환기미술관

북악산정상
북악산

창의문

윤동주 문학관

청운공원

윤동주 언덕

삼청
주민

인왕산 정상
매바위

삼청마을소

범바위
범바위기점

통인시장

경복궁

덕성여
중학교

사직공원

경복궁역

독립문역
서대문
독립공원

독립문
초등학교

대신고등학교

독립문역 3번 출구

서울 성곽길
인왕산 입구

독립문역
사거리

구세군
영천영문

가심정
서울관측소

광학궁

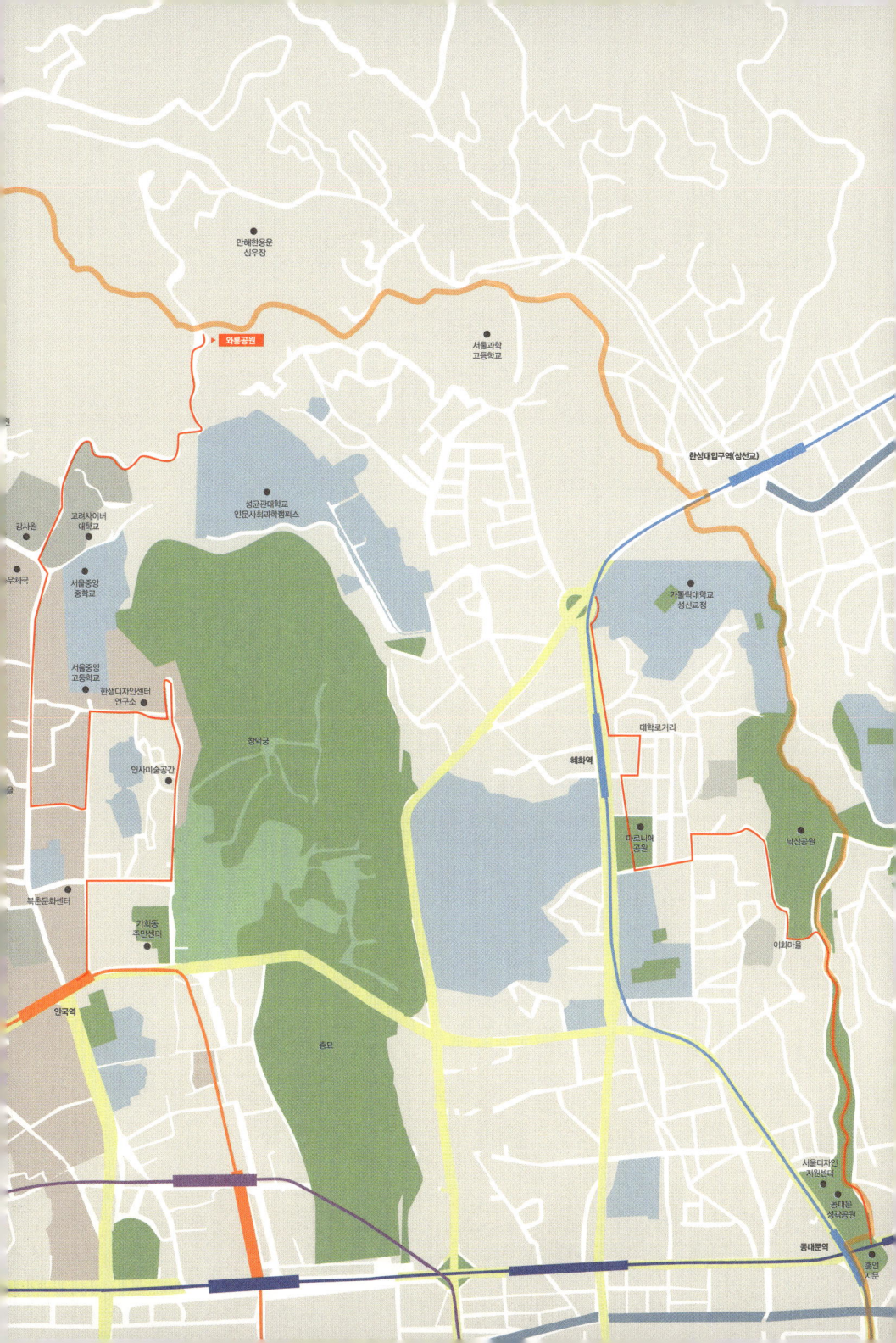

만해한용운
심우장

서울과학
고등학교

와룡공원

한성대입구역(삼선교)

고려사이버
대학교

강사원

성균관대학교
인문사회과학캠퍼스

가톨릭대학교
성신교정

우체국

서울중앙
중학교

서울중앙
고등학교

대학로거리

한샘디자인센터
연구소

혜화역

낙산공원

인사미술공간

창덕궁

마로니에
공원

북촌문화센터

가회동
주민센터

이화마을

안국역

종묘

서울디자인
지원센터

동대문
성곽공원

동대문역

종인
지도

인왕산 구간과 부암동
인왕산 구간

인왕산 구간은 사직로에서 부암동까지 2시간 이상이 소요되는 등산로다. 산책 중간중간 뒤를 돌아보면 용을 연상케 하는, 구불구불 중첩되어 보이는 성곽의 모습을 볼 수 있다. 이 구간의 가장 매력적인 부분은 서울 시내의 풍경을 시원스럽게 내려다볼 수 있다는 점이다. 독립문역 3번 출구에서 길을 따라 대신고등학교를 지나 사직로 1가 길을 오르면 서울 성곽 길 인왕산 입구를 만난다.

코스 소개 윤동주 언덕 ⋯ 윤동주문학관

가벼운 공원 산책로로 시작하지만 초반을 지나면 점점 경사가 생긴다. 높이 오를수록 서울의 풍경이 시시각각 변해 산행이 즐겁다. 정상까지는 1시간 정도가 소요된다. 정상에 다다를수록 계단도 있고 힘들지만 여유를 가진다면 아이도 부담 없이 오를 수 있는 산이다. 정상에서 창의문까지는 쉴만한 공간이 없으니 정상에서 충분히 휴식을 취하고 내려가자. 정상에서 내려오는데 1시간이 걸린다. 이곳 역시 풍경이 아름답다. 윤동주문학관과 창의문을 만날 수 있으며 데이트 코스로도 유명한 부암동을 만날 수 있다.

코스 매력 포인트

아이와 함께하는 등산으로 안성맞춤이다. 능선을 걸으며 내려다보는 성곽길의 모습과 주변 풍경이 매우 아름다우니 중간중간 뒤를 돌아보면서 걷도록 하자.

산책 전 알아 두세요!

인왕산 코스는 서대문에서 부암동까지의 3.5km 구간이다. 성곽길만 부지런히 걸어도 2시간은 족히 걸리는 코스이다. 아이와 함께한다면 물과 간식을 반드시 준비하자.

교통편 3호선 독립문역 3번 출구에서 500m, 5호선 서대문역 4번 출구에서 월암근린공원을 지나 1km 소요한다. 인왕산 구간은 사직로에 있는 인왕산 입구에서 시작한다.

1 스팟 | 시인의 언덕
윤동주 언덕

스물 아홉의 짧은 나이로 생을 마감한 저항 시인 윤동주를 기리는 장소가 부암동에 두 곳 있는데 그 중 한곳이 윤동주문학관, 나머지가 바로 윤동주 시인의 언덕이다. 청운공원 중앙에 위치해 있는 윤동주 공원은 앞으로는 서울의 풍경을 조망할 수 있고 뒤로는 성곽길을 만날 수 있다.

✪ 유모차를 끌고도 접근할 수 있다.

2 스팟

감성을 눈으로 느끼다
윤동주문학관

부암동 초입 인왕산 자락에 위치한 윤동주문학관에는 시인 윤동주의 사진 자료, 친필 원고 등이 전시되어 있다. 인왕산 성곽길을 넘어오면서 지친 다리를 쉴 수 있는 휴식 공간도 마련되어 있으니 잠시 들러 보자.

COURSE 01-1

인왕산 구간

서대문
독립공원

독립문역

④ ③
독립문역 3번 출구

독립문
초등학교

독립문역
사거리

대신고등학교

대성맨션

서울 성곽길
인왕산 입구

범바위기점
범바위

사직공원

통인시장

매바위

인왕산 정상

윤동주 언덕

청운공원

환기미술관

창의문

윤동주문학관

산모퉁이

인왕산 구간과 부암동
부암동

부암동은 청와대 뒤쪽에서 상명대로 넘어가는 길, 산 중턱에 위치한 조용한 산동네다. 커피 프린스 1호점에 소개되면서 이후 개성 있는 카페와 상점들이 하나둘 늘어나 이제는 삼청동 이나 서촌처럼 주목 받는 동네가 되었다. 부암동에는 다른 동네와 차별된 매력이 있는데 바로 높고 깊은 곳에 품고 있는 백사실 계곡이다. 도심 속 자연을 찾는다면 가장 먼저 생각나는 곳, 부암동 백사실 계곡을 가 보자.

코스 소개 자하손만두 ➡ 아트 포 라이프 ➡ 산모퉁이 ➡ 백사실 계곡

인왕산 코스 트래킹을 마친 후 체력이 충분하다면 부암동 산책을 시작해 보자. 배가 고프다면 마을 초입에 있는 만두집이나 주민센터 인근의 식당들을 찾아보자. 언덕을 오르다가 쉬어갈 수 있는 커피숍도 있다. 자연을 즐기고 싶다면 돗자리나 간식을 준비해 백사실 계곡에서 시간을 보내도록 하자.

코스 매력 포인트

부암동의 매력은 백사실 계곡!

산책 전 알아 두세요!

언덕을 오르는 등산 코스이기 때문에 천천히 여유를 가지고 오르도록 하자. 도중에 가게를 찾기 어려우니 미리 간식과 물을 챙기자.

교통편 3호선 경복궁역에서 7212, 1020, 7022 버스를 타고 자하문고개, 윤동주문학관 정류장에서 하차.

1 스팟 | 미슐랭 가이드에 나온 손만두집
자하손만두

자하손만두는 부암동에 있는 손만두 전문점이다. 1993년부터 부암동을 지켜 왔으며, 수요미식회에도 등장한 맛집이다. 3층의 개인 집을 개조해 운영하고 있다. 야외 테라스와 탁 트인 통유리로 인해 맛은 물론 부암동의 멋진 풍경도 함께 감상할 수 있다.

위치 | 서울특별시 종로구 부암동 245-2
전화번호 | 02-379-2648
영업시간 | 매일 11:00-21:30 / 명절 전날, 당일 휴무

2 스팟 | 전통과 서양의 만남
아트 포 라이프

겉에서 보면 오래된 전통 음식점의 분위기를 지니고 있지만 계단을 내려가면 비밀의 정원 같은 아름다운 공간이 나타나는 이탈리안 음식점이다. 맛은 물론 식당 안에서 들리는 음악 소리와 소품들도 매력적이다.

❂ 주말에는 다양한 행사와 작은 음악회를 함께 열고 있다.

위치 | 서울특별시 종로구 부암동 29-4
전화번호 | 02-3217-9364
영업시간 | 매일 11:30-24:00

3 스팟 | 부암동의 아름다운 전망이 한눈에
산모퉁이

MBC 드라마 커피프린스 1호점에서 이선균의 집 촬영지였던 커피숍으로, 지하부터 3층까지 개방되어 있다. 독특한 인테리어와 확 트인 전망이 인상적인 곳이다. 부암동의 아름다운 전망을 한눈에 볼 수 있다.

위치 | 서울특별시 종로구 부암동 97-5
전화번호 | 02-391-4737
영업시간 | 매일 11:00~22:00 / 명절 당일 휴무
홈페이지 | http://www.sanmotoonge.co.kr

4 스팟 good | 서울 한복판에서의 힐링
백사실 계곡

서울 한복판에서 만날 수 있는 숲 속이다. 부암동 산모퉁이를 지나 걷다 보면 마을 골목길은 숲으로 이어진다. 물이 깨끗해 가재와 도롱뇽이 살고 있고 주변의 숲 또한 잘 보존되어 있어 부암동 산책의 목적지이자 반환점으로 좋은 곳이다.

⭐ 돗자리나 책 한 권을 들고 찾아도 힐링을 얻을 수 있는 숲이다.

위치 | 서울특별시 종로구 부암동 115

COURSE 01-2

부암동

아트 포 라이

대한민국
만년역사연구원

산모퉁이

대한민국
미래문명연구원

백석동천암각

서울부암동
백석동천

백사실 계곡 입구

새마을금고

서울 성곽길
북악산 코스

최규식경무관
동상

자하문고개 /
윤동주문학관 정류장

윤동주문학관

만수한의원

우림빌라

창의문

북악스카이웨이3교

서울 성곽길
인왕산 코스

환기미술관

에스프레소

자하손만두

창의문앞
삼거리

계열사

부암동
주민센터

북악산 구간과 계동·원서동
계동·원서동

인왕산 코스와 북악산 코스를 하루에 걷는 것은 아이에게 무리다. 또한 부암동의 창의문 쪽에서 백악마루로 이어지는 구간은 초입부터 가파른 계단을 30분은 족히 올라야 한다. 이때문에 아이와 북악산을 넘고자 한다면 반대쪽인 와룡공원 쪽에서 시작하는 것을 추천한다. 완만히 경사로를 걸어 올라가는 쪽이 수월하기 때문이다. 그래서 북악산 성곽길 코스는 원서동, 계동을 먼저 산책한 후 가회동을 지나 감사원에서 시작한다.

코스 소개 북촌문화센터 ➔ 인사미술공간 ➔ 원서동 공방 골목 ➔ 한샘 디자인센터 연구소 ➔ 중앙고등학교 ➔ 베란다 북스 ➔ 젠틀몬스터 ➔ 화양연화 ➔ 노란벽 작업실

안국역 3번 출구에서 현대빌딩 옆 계동길을 걷는다. 먼저 북촌문화센터에 들러 보자. 바로 앞 사거리에서 오른쪽 창덕궁을 향해 언덕을 넘다 보면 북촌 2경을 감상할 수 있다. 원서동 공방 골목은 창덕궁 돌담길에 인접한 미술관과 카페, 공방들이 한옥 사이에 공존하는 조용한 산책로이다. 원서동 공방 골목에서 중앙고등학교 방향으로 언덕을 넘으면 이어지는 계동은 한옥 보존 구역으로 지정되어 서울 도심이지만 옛 모습들이 많이 남아 있다. 수십 년째 자리를 지키는 소박한 상점부터 트렌디한 다양한 상점들까지 모여 있어 구경하는 재미가 쏠쏠하다.

교통편 3호선 안국역 3번 출구로 올라와 현대빌딩 옆 계동길에서 시작한다.

코스 매력 포인트

사람이 많은 계동길과 조용한 원서동길이 조화로운 산책로이다. 중앙고등학교를 중심으로 이어진 언덕길도 매력있다.

산책 전 알아 두세요!

북악산 코스만을 산책하고 싶다면 계동 산책을 생략하고 242페이지 교통편을 참고하자.
계동 산책은 원서동 언덕이 일부 포함되어 있어 유모차는 힘들 수 있다.

1 good 스팟

북촌의 사랑방

북촌문화센터

안국역에서 북촌을 구경한다면 반드시 가야 하는 북촌의 사랑방이다. 서울시에서 시민을 위해 개방한 공간으로 옛집을 매입해 개보수 후 무료 개관했다. 북촌 한옥마을에 대한 정보를 얻고 전통 체험을 할 수 있다. 서울 중심가의 한옥집은 대부분 마당까지만 개방되어 실내로 들어가는 것이 어렵지만 북촌문화센터는 신발을 벗고 들어가 편히 쉴 수 있도록 배려하고 있다. 각종 공연, 체험 행사, 강좌도 열리니 산책 전 프로그램을 홈페이지에서 확인하자.

위치 | 서울특별시 종로구 계동 105
전화번호 | 02-2133-1371
운영시간 | 평일 09:00-18:00 / 주말 10:00-17:00
홈페이지 | http://hanok.seoul.go.kr/front/kor/exp/expCenter.do?tab=1

2 good 스팟

독특한 전시회를 즐기고 싶다면
인사미술공간

인사미술공간은 한국문화예술위원회 산하 아르코 미술관
의 부속기관으로 신진 작가 혹은 독립 큐레이터들의 실험
적인 작품들을 기획·전시하고 있다. 지하 1층부터 지상 2
층까지의 전시 공간을 무료로 운영 중이니 꼭 들러 보길
바란다.

위치 | 서울특별시 종로구 원서동 90
전화번호 | 02-760-4722
운영시간 | 매일 11:00 – 19:00 / 일요일·월요일·1월 1일·설날·추석 연휴
   휴관
홈페이지 | http://www.insaartspace.or.kr

3 스팟

한옥이 줄지어 선
원서동 공방 골목

북촌 8경 중 2경이라 불리는 곳으로 한옥이 늘어선 골목길이다. 공방과 궁중음식연구원이 있다. 문이 비스듬히 열린 공방 안에서 수작업한 작품들이 마당에 진열되어 있는 것을 볼 수 있다. 막다른 골목길처럼 보이지만 끝까지 들어가면 돌아 나오는 길이 있으니 망설이지 말고 걸음을 옮겨 보자. 공방길 끝에는 창덕궁 빨래터가 있다.

위치 | 지도 표기

4 스팟

한옥과 현대 건축물의 조화
한샘 디자인센터 연구소

원서동 공방길의 막다른 끝자락 백홍범 가옥 옆에 위치한 한샘 디자인센터 연구소 건물은 고풍스러운 한옥 대문 뒤로 한옥과 현대 건축물이 잘 어우러져 있다.

위치 | 서울특별시 종로구 원서동 9-4

5 good 스팟 | 100년의 유서 깊은 공간 **중앙고등학교**

계동길의 안쪽 깊숙한 곳에 자리한 중앙고등학교는 100년이 넘은 유서 깊은 곳으로, 고풍스러운 근대 건축물을 간직하고 있어 사적으로 지정되었다. 이후 드라마에 소개되면서 관광객의 발길이 끊이지 않고 있다. 관광객을 위해 주말에는 학교 내부를 개방하니 이왕이면 주말에 가보자.

위치 | 서울특별시 종로구 계동 1
전화번호 | 02-742-1321
운영시간 | 학생들 공부하는 주중에는 이용불가
홈페이지 | www.choongang.hs.kr/

6 good 스팟 | 다양한 그림책을 구경할 수 있는 **베란다 북스**

일러스트레이터가 운영하는 그림책방이다. 직접 큐레이션 한 그림책, 그래픽 노블, 독립 출판물 등 아트북을 판매하는 깔끔하고 아담한 서점이다.

위치 | 서울특별시 종로구 계동 10-1
전화번호 | 02-747-3742
영업시간 | 매일 12:00-19:00 / 일요일 · 월요일 휴무
홈페이지 | http://verandabooks.co.kr/

7 good 스팟

목욕탕 속 안경점
젠틀몬스터

홍대에 위치한 젠틀몬스터가 도시적이라면 이곳의 젠틀몬스터는
동네 목욕탕 속에 숨어들어 있다. 겉으로 보면 영락없는 동네 목
욕탕이지만 내부로 들어가 보면 옛 흔적에 감각을 더한 세련됨을
품고 있다. 수상한 곳이 아니니 한번 들어가 보길 추천한다.

위치 | 서울특별시 종로구 계동 133-5
전화번호 | 070-4895-1287
영업시간 | 매일 11:00-20:00
홈페이지 | www.gentlemonster.com/

8 스팟

홍콩 영화 속 분위기가 물씬
화양연화

태국 음식 전문점이지만 가게 이름에서 유추할 수 있듯 홍
콩 영화에 등장할 법한 분위기를 느낄 수 있다. 계단을 내려
가면 다소 어두운 실내에 홍콩 영화 포스터가 붙어 있다.

❋ **톰얌쿵과 팟타이는 아이에게 매울 수 있으니 주의가 필요하다.**

주소 | 서울특별시 종로구 계동 78-2 지하 1층
전화번호 | 070-4196-2046
영업시간 | 매일 11:30-21:00 Break Time 15:00-17:00

9 good 스팟

세계 각 나라의 중고 물품이 한가득
노란벽 작업실

이태원 골목이나 연남동 귀퉁이에 더 어울릴 법한 빈티지한 편집숍이다. 세계 각국 중고 장터에서 직접 사들여 왔을 법한 장난감과 소품들이 가득하다.

위치 | 서울특별시 종로구 계동 80
전화번호 | 011-9768-1106
영업시간 | 평일 12:00-18:00 / 주말 12:00-19:00 / 월요일 휴무
홈페이지 | blog.naver.com/tohko02

COURSE 02-1

계동 ·
원서동

안국역

재동초등학교

⑤

②

④

③

안국역 3번 출구

북촌문화센터

화양연화

노란벽 작업

KEB하나은행

젠틀몬스터

현대빌딩

View Point

대
고

LG상남
도서관

한국불교미술
박물관

인사미술

소나무갤러리

한국미술관
미술연구원

삼청동우체국

동

서울 성곽길
북악산 코스 방면

계동길
View Point

서울중앙고등학교

서울중앙
중학교

고려사이버
대학교

베란다 북스

View Point

한샘 디자인센터 연구소

리기태
전통연공방

위서를 광장 광장

창덕궁

북악산 구간과 계동·원서동
북악산 구간

북악산은 청와대 뒤편에 병풍처럼 높이 솟은 산이다. 북악산 성곽 코스는 1960년에 통제되었다가 2006년 이후 개방되었다. 창의문에서 말바위 안내소까지의 3.3Km 구간은 신분증을 지참해야 하며 하절기에는 오후 4시, 동절기에는 오후 3시 이후로는 출입이 제한되니 출발 전 시간을 꼭 체크하도록 하자.

코스 소개 말바위 안내소 ┄➤ 숙정문 ┄➤ 북악산 정상

원서동길과 계동길에서 가회동을 지나 서울
성곽길로 오르다 보면 갈림길이 나온다. 감사
원을 기준으로 왼쪽으로는 삼청공원으로, 오
른쪽으로는 와룡공원으로 갈 수 있다. 조용
한 숲 속을 따라 나무 계단으로 오르고 싶다
면 삼청공원으로, 찻길을 따라 서울 시내를
바라보며 걷고 싶다면 와룡공원 쪽으로 오르
면 된다.

코스 매력 포인트

와룡공원 코스는 오르는 중간중간 서울 시내
의 풍경을 감상할 수 있고 쉬어갈 수 있는 벤
치도 있다.

산책 전 알아 두세요!

삼청공원 쪽은 계단을 올라야 하므로 다소 힘
든 산행이 될 수 있다. 와룡공원 쪽은 거리상
으로 돌아가지만 힘이 덜 드는 산책로다. 성곽
길에 들어서면 북악산 말바위 안내소, 숙정문
을 지나 창의문까지 약 2시간이 소요된다.

교통편　3호선 안국역 2번 출구에서 마을 버스 종로 2번을 타
고 와룡공원 정류장에서 하차한다.
4호선 한성대입구역 6번 출구에서 마을버스 성북 3번
을 타고 노인정 정류장에서 하차한다. 와룡공원을 지
나 성곽길 성벽을 만나고 말바위 안내소로 이동한다.

1 스팟
숙정문의 시작점
말바위 안내소

말바위 안내소는, 도심 안쪽에서는 삼청공원으로 접근이 가능하고 바깥쪽에서는 성북동에서 접근이 가능하다. 이곳을 통과해 숙정문으로 향하기 위해서는 안내센터에 신분증을 제시해야 한다. 입산 시간이 엄격히 정해져 있어 하절기에는 오후 4시, 동절기 오후 3시 이전에 이곳에 도착해야만 출입이 가능하다.

이용시간 | 매주 월요일 휴관
하절기(3월~10월) 09:00~16:00까지 입장
동절기(11월~2월) 10:00~15:00까지 입장

2 스팟 good
한양 도성 4대 관문
숙정문

서울에 살면서 동대문, 서대문, 남대문은 알아도 한양도성 4대 관문 중 하나인 북대문을 보지 못했거나 존재조차 모르는 사람이 많다. 북악산이 품고 있는 숙정문이 바로 북대문이다. 숙정문은 산속에 있어 다른 사대문에 비해 사람의 왕래가 적었다고 한다. 1968년 1.21사태 이후 일반인의 접근을 금지했지만 2006년 다시 개방했다. 현재의 모습은 1976년 복원되었으며 사적 제10호로 지정되어 있다.

3 스팟 길고 긴 계단
북악산 정상

1.21사태 소나무를 지나 산을 오르면 북악산 정상이 나온다. 북악산 정상에서는 너른 공터와 큰 바위를 볼 수 있다. 북악산의 또 다른 이름은 백악산이다. 백악마루를 지나 긴 계단을 내려가면 세검정 쪽 부암동이 내려다보인다. 계속 내려가면 마침내 목적지인 창의문에 도착할 수 있다.

✪ 길고 긴 계단에 주의하자. 오르자면 힘이 들고 반대 방향으로 내려가자면 아찔하다. 아이의 손을 꼭 잡고 주의해서 오르내려야 한다.

COURSE 02-2

북악산 구간

북악산공원

산모퉁이

환기미술관

북악산 정상

북악산

창의문

삼청각

숙정문

삼청터널

말바위 안내소

만해한용운
심우장

와룡공원

삼청공원

도시의 옛 모습과 벽화를 함께 조망하다
낙산 구간과 이화동

대학로에서 낙산 성곽을 따라 동대문까지 이어지는 산책 코스는 4호선 혜화역 2번 출구에서 출발해서 이화동 벽화마을을 거쳐 성곽길을 따라 동대문까지 걷는 총 2km 코스다. 이곳 역시 언덕과 계단으로 이루어져 있지만 천천히 걸어가면 아이도 어렵지 않다.

코스 소개 대학로 필리핀마켓 ➡ 대학로 거리 ➡ 마로니에 공원 ➡ 마르쉐@혜화 ➡ 낙산길 ➡ 낙산공원 조망길 ➡ 졸리상점 ➡ 이화동 벽화마을 ➡ 성곽길 낙산 구간

번잡한 대학로 거리를 지나 낙산길을 따라 낙산공원으로 올라가면 도시화를 비껴간 듯한 낡은 골목을 품고 있는, 변해가는 서울 풍경을 한눈에 조망할 수 있는 동네 이화마을이 있다.

교통편 4호선 혜화역 2번 출구

코스 매력 포인트

번화가와 오래된 골목을 함께 경험할 수 있는 즐거운 산책.

산책 전 알아 두세요!

최근 젠트리피케이션 현상으로 인해 원주민과의 갈등이 미디어를 통해 소개되기도 하는 만큼, 주민들의 일상 공간을 산책할 때는 에티켓을 지키도록 하자.

서울에서 필리핀을 만나다
대학로 필리핀마켓

혜화동 로터리 동성고등학교 앞에 일주일에 한 번, 일요일에 열리는 필리핀마켓에 찾아가면 줄지어 늘어선 천막 아래에서 필리핀 생필품과 식재료, 즉석에서 조리해 판매하는 먹거리를 만날수 있다. 서울에서 생활하는 필리핀인들이 모여 시작한 마켓이지만 이제는 꽤 유명해져서 우리나라 사람들은 물론 외국인들도 많이 찾아간다.

위치 | 혜화동 로터리 동성고등학교 앞(지도 표기)
운영시간 | 매주 일요일 10:00–17:00

2 스팟 | 예술인의 거리
대학로 거리

전국의 대학로라고 불리는 곳 중 서울 동숭동 일대의 대학로가 가장 유명하다. 이 거리는 오래전부터 연극을 비롯해 문화 예술 관련 콘텐츠를 생산하는 극장, 공연장이 많았다. 젊은이들의 왕래가 많아 음식점과 카페 등 다양한 유흥 시설이 혜화역부터 성대 앞까지 빽빽하게 밀집되어 있다.

위치 | 지하철 4호선 혜화역 근처 동숭동 일대

3 스팟 | 대학로의 상징
마로니에 공원

한때 젊음의 집결지 역할을 했던 대학로 마로니에 공원. 이 공원의 전성기였던 1990년대에는 길거리 농구가 유행해 늘 경기 중인 젊은이들의 모습을 구경할 수 있었다. 이제는 농구도, 이 공원도 그날의 영광과는 조금 멀어져 버렸지만 여전히 주말이면 많은 사람들로 북적이는 대학로의 상징이라 할 수 있다.

위치 | 서울특별시 종로구 동숭동 1-121
이용시간 | 매일 00:00 − 24:00

4 good 스팟 | 도시에서 만나는 농부 시장
마르쉐@혜화

마르쉐 'Marché'는 불어로 '시장'을 뜻한다. '마르쉐@혜화'는 농산물, 건강한 요리, 수공예품의 세 가지 테마로 생산자와 소비자가 만나는 도시형 농부 시장이다. 혜화동 장터는 크게 3개의 구역으로 나뉘어 도로 쪽에는 농산물이 판매되고 예술의 집 실내에는 수공예품이, 건물 뒤쪽으로는 다양한 먹거리가 준비되어 있다.

농산물은 대개 유기농으로 다품종 소량 생산하는 소농들이 셀러로 참여한다. 갓 따 온 것 같은 싱싱한 채소와 유정란, 꿀 등 다양한 농산품을 만날 수 있다. 건물 안쪽 수공예품들 역시 다른 장터에서 보기 힘든 제품들로 구성되어 색다른 매력을 전한다. 건물 뒤편 음식 부스에는 눈으로만 봐도 맛있는 음식들이 방문객을 유혹한다. 외국인이 즉석에서 만드는 현지 음식과 인근 경기 지역에서 온 친환경 로컬 푸드를 맛볼 수 있다. 출출하다면 이곳에 준비된 테이블에 앉아 장터 구경을 하면서 간단하게 한 끼를 해결하도록 하자.

⭐ 서울에서 한 달에 두 번(둘째 주 일요일, 넷째 주 토요일) 열리는 이 장터에 대한 자세한 소개는 페이스북 그룹에서 확인할 수 있다.

위치 | 서울특별시 종로구 동숭동 1-119
영업시간 | 매월 둘째 주 일요일 10:00~16:00
페이스북 | https://www.facebook.com/marchewithseoul

5 스팟 서울에서 만나는 동해
낙산길

도시 장터 후문으로 나와 동숭길을 따라 마을 안쪽으로 들어가면 낙산공원으로 올라가는 언덕을 쉽게 만날 수 있다. 비탈을 오르는 산책자를 응원하듯 곳곳에 먹거리, 볼거리가 눈에 띈다. 커피숍, 츄러스 가게, 복고풍 이발소, 치킨집 등 요기하듯 눈으로 배를 채우며 올라가다 보면 낙산공원의 계단을 만날 수 있다.

❁ 낙산공원은 동숭길과 낙산길이 만나는 삼거리(대학로 마로니에 소극장)에서 이정표 방향으로 언덕을 오르면 된다. '낙산'하면 동해바다 앞의 지명을 생각하기 쉽지만 서울의 낙산은 동숭동과 창신동 사이에 위치한 산의 이름이다. 산의 모양이 낙타를 닮아서 낙산이라 이름 지어졌다고 한다. 이화동 벽화마을로 향하기 위해서는 먼저 '낙산공원'을 찾아야 한다.

위치 | 지도 표기

6 스팟 | 서울을 한눈에 만나다
낙산공원 조망길

낙산공원 입구 오른쪽 가장자리로 이화동까지 이어진 길로 걸으면
시내가 한눈에 내려다 보인다. 중간중간 조형물이 있어 사진도 찍
을 수 있고 나무 그늘 아래 쉬어 갈 수 있는 벤치도 마련되어 있다.
낙산공원 길 끝은 이화동 마을 입구와 이어져 있다.

위치 | 지도 표기

7 스팟 | 오래된 추억이 새록새록
졸리상점

7080년대 분위기를 느낄 수 있는 곳이다. 여기서 대여해 주는 옛
날 교복을 입고 오래된 학교와 교실에서 사진을 찍을 수 있다.

위치 | 서울특별시 종로구 이화동 9-411
전화번호 | 02-747-4497
영업시간 | 매일 24시간(예약도 동일)

8 스팟 ⭐good

아름다운 벽화와 사진 찍기

이화동 벽화마을

이화동 벽화마을은 골목 곳곳에 아름다운 벽화를 볼 수 있는 곳이다. 특히 날개 벽화 앞은 사진을 찍기 위해 순서를 기다리는 사람들 때문에 항상 북적인다. 이화동 벽화마을에서 가장 인기 있는 곳은 꽃계단이 있는 골목이다. 구엘공원처럼 타일 장식으로 리뉴얼되었다(계단 위쪽은 예전 모습이 남아 있다). 꽃계단을 걸으며 언덕 꼭대기에 올라가면 깔끔한 대장간을 볼 수 있다.

✪ 관광지인 동시에 주민들의 일상이 영위되는 곳이니 서로에 대한 배려가 필요하다.

위치 | 서울특별시 종로구 이화동

9 스팟

이화마을 꼭대기

성곽길 낙산 구간

성곽길을 따라 내려오다 보면 작은 통로가 있다. 통로를 통과해 아래로 걸어 내려가면 잘 정리된 산책길을 만날 수 있다. 이 길을 따라 걸으면 1호선 동대문역까지 갈 수 있다. 통로를 통과하지 않고 곧장 내려오면 동대문, DDP가 한눈에 내려다 보이는 동대문 성곽공원을 만난다.

COURSE 03

낙산 구간과
이화동

종로5가역

이화동 벽화마을
잘살기기념
이화마을

꽃계단

이화동마을박물관
성곽길
낙산구간

동대문역
동대문성곽공원

혜화역
(서울대학교병원)

④

③

②

①

대학로 플리민 마켓

● 동성중학교

마르쉐@혜화

마로니에 공원

대학로 거리

● 마로니에소극장

● 가톨릭대학교
성신교정

낙산길

낙산공원
조망길

● 낙산공원 입구

● 동숭어린이집

● 낙산공원

서울의 대표적인
★ 남산 ★

남산은 도심 중심에 위치해 있고 큰 면적의 숲을 가지고 있어 도시의 허파 역할을 하며 조용히 산책도 하고 운동도 할 수 있는 산책로를 제공하는 등 서울에서는 없어서는 안 될 소중한 공간이다. 서울의 중심에 있는 덕택에 N서울타워에 올라서면 360도로 서울을 조망할 수 있다.

코스 1
재미로

스팟 1
N서울타워

스팟 2
남산공원

추천 코스
코스 2
남산 산책로

만화 캐릭터와 즐거운 산책

서울을 360도 한눈에
내려다 보자

유모차를 끌고
남산 산책 즐기기

4계절 언제나 즐거운
남산 산책 코스

산책 전 알아 두세요!

❶ 산책 전에는 물과 간식을 반드시 준비하는 것이 좋다. 남산 야외식물원은 계단 없이 이동할 수 있어 유모차를 끌고 다니기에도 좋다. 주차장도 있다.

❷ 소개한 코스 외에도 아이와 걷기 좋은 남산 코스는 얼마든지 있다. 장충단공원부터 걸어 올라가는 길은 가을이면 아름답고 남산도서관 아래는 어린이 놀이터도 있다. 또 남산의 허리를 따라 난 소월로도 마을 풍경을 보며 걷기에 좋다.

- GUIDE -

남산

262P / 270P

명동성당

명동 산책

명동역
3번 출구

충무로역

회현역

재미랑 ▶   재미로 ▶ 서울애니메이션센터

남산 산책로

266P

N서울타워

남산공원

268P

남산 야외식물원

동대입구역

버티고개역

현실에서 웹툰 주인공을 만나다
재미로

재미로는 명동역 앞 3번 출구부터 만화공작소 재미랑을 지나 서울애니메이션센터까지의 만화 거리이다. 출판 만화와 웹툰에 등장하는 만화 캐릭터 시설물을 골목 곳곳에서 발견할 수 있도록 꾸며 놓은 곳으로, 우리나라 만화 역사의 흔적을 만날 수 있다. 만화를 좋아하는 부모라면 더욱 특별하게 다녀올 수 있는 산책로이다.

코스 소개 재미랑 ⋯→ 서울애니메이션센터

재미로는 오르막길이지만 캐릭터 찾기 놀이를 하다 보면 힘든 줄도 모른 채 종착점인 애니메이션센터에 도착할 수 있다. 어른 아이 할 것 없이 좋아하는 캐릭터를 구경하는 재미가 쏠쏠하다. 캐릭터와 함께 사진을 찍기도 하고, 아이에게 직접 사진기를 건네 캐릭터를 발견하면 사진을 찍는 놀이를 해도 좋다.

교통편 4호선 명동역 3번 출구

코스 매력 포인트

골목마다 숨어 있는 캐릭터 조형물 찾기.

산책 전 알아 두세요!

재미로는 총 거리가 1km도 되지 않는 짧은 산책 코스이다. 느린 걸음으로 골목 구석구석을 살펴보며 캐릭터를 찾고 기념사진을 남기도록 하자. 중간중간 만화 관련 상점이나 콘텐츠가 있는 곳이라면 일단 들어가 보는 것도 좋다.

1 good 스팟

만화의 재미가 한가득
재미랑

재미랑은 만화를 주제로 한 전시 공간이며 작업실, 만화방이기도 하다. 다양한 만화 관련 이벤트가 상시로 운영되고 있다. 지하는 주로 영상을 상영하고 1층은 만화 캐릭터, 굿즈 등이 전시되어 있다. 2층은 기획 전시, 3층은 회원제(만화를 그리는) 작업실로 운영한다. 4층은 만화를 무료로 볼 수 있는 만화방이다.

위치 | 서울특별시 중구 남산동 2가 26-1
전화번호 | 02-779-6107
운영시간 | 화요일~일요일 09:00~18:00 / 월요일·공휴일 휴무
블로그 | http://blog.naver.com/seoul_anicenter

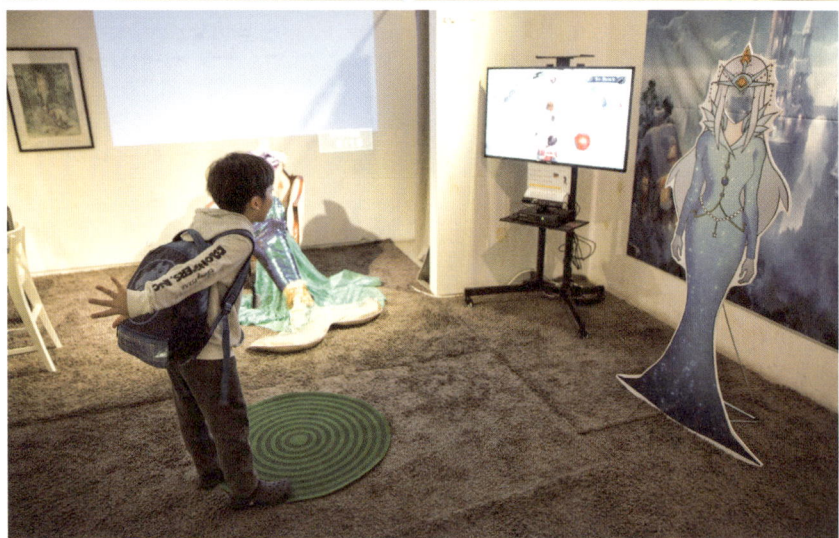

2 스팟

애니메이션 속으로 첨벙
서울애니메이션센터

애니메이션 산업의 활성화를 위해 만들어진 국내 최초의 애니메이션 전용 극장이다. 애니메이션 관련 전시와 성우 체험관 등 다양한 행사를 즐길 수 있다.

✪ 상영되고 있는 애니메이션과 기획 행사 일정은 미리 홈페이지에서 확인하도록 한다.

위치 | 서울특별시 중구 예장동 8-145
전화 | 02-3455-8341
운영시간 | 매주 화요일~일요일 10:00 - 18:00 / 월요일·공휴일 휴관
홈페이지 | http://www.ani.seoul.kr

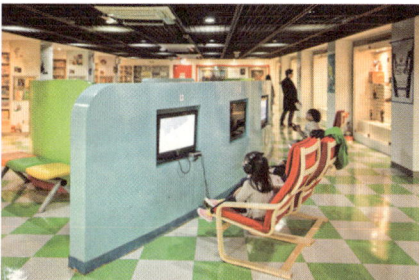

남산 꼭대기에서 즐기는

N서울타워

해발 479.7m의 남산타워는 명실상부 서울의 랜드마크라 할 수 있다. 1969년 착공하여 1980년부터 시민에게 공개되었다. 이후 2005년 리모델링을 거쳐 'N서울타워'라는 새로운 이름의 복합 문화 공간으로 탈바꿈했다.

서울의 상징인 N서울타워 2, 3층에는 전망대와 회전 레스토랑이 있으며 서울의 아름다운 야경을 볼 수 있다. 또한 멋진 전망뿐만 아니라 커피숍, 음식점, 한복 체험장 등 시민들이 다양한 체험을 할 수 있도록 마련된 서비스들이 입점해 있다. 이곳은 남산순환버스, 시티 투어버스, 케이블카를 이용해 접근할 수 있다.

사랑의 자물쇠를 달거나 N서울타워 1, 2, 4층에 있는 스티커 사진기를 사용하여 추억을 남기도록 하자. 배가 고프다면 7층에 있는 엔그릴 레스토랑에서 맛있는 식사와 야경을 즐기는 것도 좋다. 단 100% 예약제이기 때문에 사전 예약은 필수다.

요금 | 남산 케이블카 왕복 대인 8,500원 소인 5,500원
이용시간 | 10:00~23:00 / 금요일·토요일·휴일은 상황에 따라 연장 운행
홈페이지 | http://www.cablecar.co.kr

스팟 매력 포인트

N서울타워에 올라가면 전망대에 가보지 않을 수 없다. 360도 파노라마뷰에 방향마다 세계 주요 도시가 있고 거리가 표기되어 있다.

산책 전 알아 두세요!

N서울타워 마을버스는 왕복이 아닌 편도 순환 버스이기 때문에 마을버스를 탈 때 이동 경로에 주의하도록 하자.

교통편 3호선 동대입구역 6번 출구 ⋯› 마을버스 02번 ⋯› 남산서울타워 하차
4호선 회현역 1번 출구 혹은 명동역 4번 출구(도보 15분) ⋯› 남산 케이블카 이용

남산에서 만나는 숲 속
남산공원

남산의 남쪽 숲길, 남산 야외식물원은 도심 한가운데서 아이와 호젓하게 산책할 수 있는 아름다운 산책로다. 서울 한복판에 위치하면서도 공기가 맑기 때문에 가족 단위로 산책하기 좋은 곳이지만 의외로 잘 알려져 있지 않다.

남산공원은 서울의 공원 중 가장 넓은 면적을 가지고 있다는 사실 또한 아는 사람이 많지 않다. 체력이 된다면 이곳부터 걷기 시작하여 N서울타워까지 오를 수도 있다. 또한 유아숲체험장이 마련되어 있어 아이가 자연 체험을 할 수 있다. 단, 사전 예약이 필수이다.

전화번호 | 02-3783-5900
홈페이지 | http://parks.seoul.go.kr/namsan
운영안내 | 유아숲체험장 기간 3월-12월
　　　　　하절기 09:00-18:00 동절기 09:00-17:00

스팟 매력 포인트

조용한 자연 속 산책을 즐길 수 있다. 주차장이 있어 차로 접근 가능하며 유모차로도 산책할 수 있다.

산책 전 알아 두세요!

경리단길 산책(162페이지) 다음이라면 산책을 이어갈 수 있으나 지하철역에서는 접근이 어렵다. 주차장이 있으니 차로 이동하는 것을 추천한다.

교통편

자가용을 이용하거나 6호선 녹사평역 4번 출구에서 용산 03 마을버스를 이용해 하얏트 호텔 앞에서 하차한다.

4계절 모두 즐기기 좋은
남산 산책로 _{추천 코스}

서울에서 가장 넓은 도심 속 공원 남산에서 명동으로 이어지는 코스는 4계절 언제 즐겨도
좋은 산책로이다. 멀리 N서울타워를 바라보며 시원한 바람과 나무 그늘 아래를 걷다 보면
길가에 흐르는 실개천도 만날 수 있어 자연과 함께하는 느낌을 만끽할 수 있다.

코스 소개 재미로 ⋯ 남산 산책로 ⋯ 명동 산책 ⋯ 명동성당

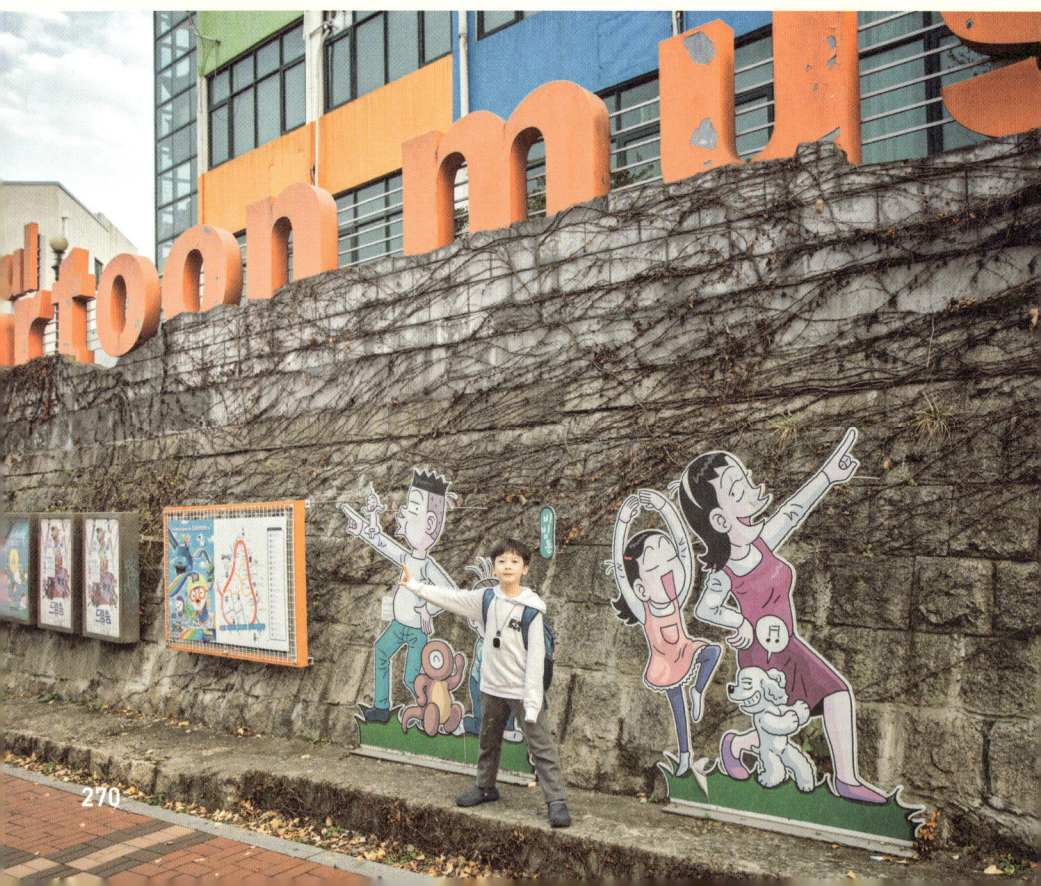

재미로가 끝나는 곳에서 아이가 좋아하는 만화 캐
릭터를 만날 수 있고, 호젓한 남산의 둘레길도 일부
구간 만날 수 있다. 남산 산책로를 오를 때는 재미
로를 통한 길로 걷거나 남산 3호 터널 근처에서 남
산 케이블까지 이어진 엘리베이터를 이용해도 좋다.
조용한 숲길을 벗어나 명동의 인파 속을 헤치며 명
동성당까지 걷는 다양한 코스를 아이와 함께 즐겨
보자.

코스 매력 포인트

남산의 자연과 명동 도심 속 인파. 그
리고 명동성당의 호젓함을 함께 즐길
수 있다.

산책 전 알아 두세요!

계단이 많은 코스이므로 주의가 필요
하다. 사람이 많은 명동 거리에서는
반드시 아이 손을 잡고 걷도록 한다.

교통편 4호선 명동역 3번 출구

1 **재미로**

구석구석 캐릭터 찾기

명동역 3번 출구에서 시작해 재미로를 따라 N서울타워가 보이는 언덕을 오르면 길 끝에서 삼거리를 만난다. 왼쪽으로 향하면 서울애니메이션센터, 직진하면 자동차 도로를 만난다. 남산 케이블카 방향으로 소파로를 따라 언덕을 오르다가 돈가스집들을 지나 남산 케이블카 탑승장 전 횡단보도에서 길을 건너면 남산 산책로로 오르는 계단을 만날 수 있다(재미로 소개는 262페이지 참조).

2 ★ good 스팟 | 도심 속 호젓한 산책로
남산 산책로

남산 산책로는 흙길은 아니지만 걷기 좋은 아스팔트 위로 나무들이 제공하는 그늘을 따라 뛰거나 걸으며 도심 속 고요를 즐길 수 있는 산책로다. 산으로 난 계단을 5분 가량 걸어 올라가면 산책로의 옆구리와 만난다. 숲으로 둘러싸인 산책로는 차량이나 자전거의 출입이 통제되어 아이들이 시원하게 달릴 수 있는 환경을 제공한다. 남산 한옥마을과 서울 시내를 한눈에 조망할 수 있으며 길을 따라 흐르는 개울을 볼 수도 있고 산책로 곳곳에 있는 전망대, 휴식 공간을 즐길 수도 있다. 산허리를 타고 도는 시원한 바람을 맞으며, 간식을 꺼내 먹다 보면 아이와의 짧은 산책이 끝난다. 뻔한 외길이지만 도심에서 자연으로 그리고 도시의 풍경을 살필 수 있는 높은 곳을 오가며 탐험을 즐기는 마음으로 산책할 수 있다.

✪ 산책이 끝나면 리라초등학교로 난 계단을 통해 다시 도심으로 내려간다.

3 스팟 | 다양한 가게와 사람 구경
명동 산책

남산에서 내려와 지하도를 건너 명동 거리로 들어간다. 다음 코스인 명동성당을 찾아 가장 빠른 골목으로 가는 것도 좋지만 아이의 손을 꼭 잡고 북적북적하고 활기 띠는 명동 거리를 걸어 보도록 하자.

위치 | 지도 표기

4 스팟

최초의 고딕 양식 기독교 교회당

명동성당

1898년에 지어진 명동성당은 우리나라 최초의 고딕 양식의 교회당으로 천주교는 물론 국가적으로도 상징적인 성당이다. 종교를 떠나 명동을 찾은 사람이라면 한번쯤 발걸음을 하는 관광지인 탓에 늘 사람으로 북적인다. 뾰족한 서양식 첨탑 등 이국적인 분위기를 즐기려면 꼭 가보도록 하자.

위치 | 서울특별시 중구 명동2가 1-1
전화번호 | 02-774-1784

COURSE 02

남산 산책로

명동성당

세종호텔

대한적십자사
본사

한국전력공사
경인건설처

다이소

YMCA회관

MCM
Space

서울사이버
대학교

명동역

서울로얄호텔

명동주민센E

SC제일은행

신한
은행

명동역
3번 출구

퍼시픽호

CGV

연합약국

명동 산책

엠플라자

우리은행

라인프렌즈
명동역점

유네스코회관

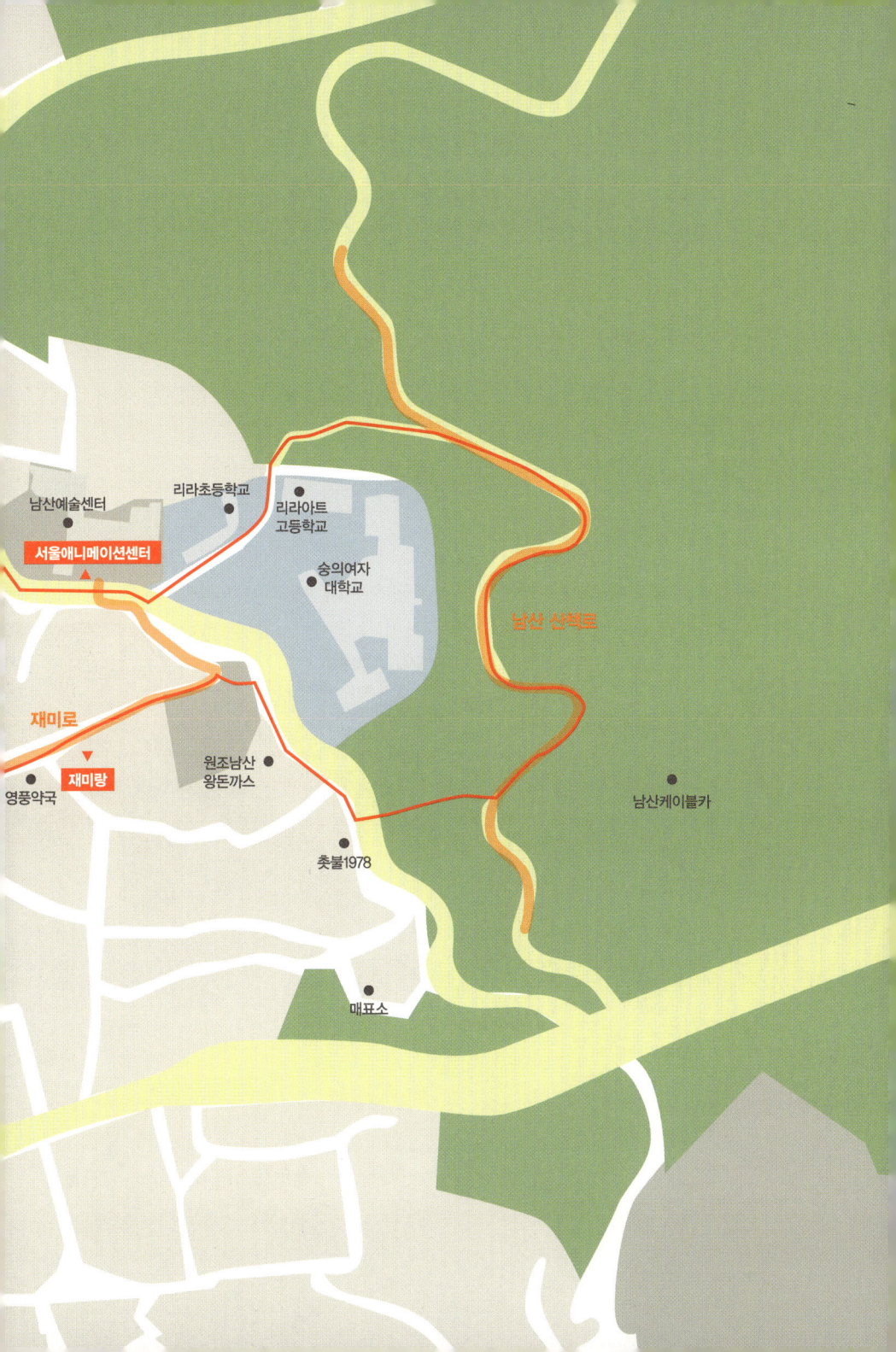

남산예술센터

리라초등학교

리라아트
고등학교

서울애니메이션센터

숭의여자
대학교

남산 산책로

재미로

재미랑

영풍약국

원조남산
왕돈까스

남산케이블카

촛불1978

매표소

서울의 새로운 명소
★ 경의선 숲길 ★

공원은 도시의 허파라 할 수 있다. 공덕역부터 가좌역까지 조성된 경의선 숲길은 마포 시민은 물론 휴일 이곳을 찾은 서울 시민들에게 '숨'을 제공하는 소중한 공간으로 사랑 받고 있다. 평범한 모습을 하고 있지만 다양한 동네, 다양한 삶의 모습들 사이를 관통하는 것만으로도 이 산책로는 특별하다.

마포, 공덕역에서 대흥역까지의 760m구간은 인근 직장인들과 주민들의 운동 및 산책로로 사랑을 받고 있으며, 홍대입구역에서 가좌역까지 연남동 구간은 홍대의 새로운 명소가 되었다. 주말에 특별한 계획이 없다면 아이의 손을 잡고 산책 겸 서울을 가로질러 보는 것은 어떨까?

코스 1
가좌역 – 홍대입구역(연남동)

연남동, 홍대와 인접해 있어
젊은이들이 많이 찾는 곳이다.
경의선 숲길의 시작점이라 할 수 있는
가좌역 부근은
아이들이 물놀이하기에 좋다.

코스 2
홍대입구역 – 대흥역

홍대, 서강대 등 대학가 주변이라
젊은이들이 주로 찾는 곳이다.
경의선 책거리를 구경하고 산책로를
따라 대흥역으로 이동해 보자.

코스 3
대흥역 – 효창공원앞역

한적한 동네와 빌딩숲을 지나는
산책로다. 언덕도 있고 큰 도로도
건너야 한다.

경의선 숲길은 경의선 철도가 지하로 건설되면서 조성된 6.1km의 공원이다. 이곳은 녹지가 부족한 서울 마포구 일대에 산소를 제공하는 숲길이자 여유로이 산책을 즐기고 싶어 하는 시민들을 위한 휴식 공간이다. 인근 주민과 직장인, 주말이면 가족 단위 관광객이나 젊은이들 등 많은 사람들이 찾고 있다. 곳곳에 조성된 나무와 벤치, 체육시설, 인공하천, 공원 주위엔 상권이 어우러져 카페, 음식점 등 산책자들이 쉬어 갈 수 있는 곳들이 다양하다.

책에는 짧은 산책을 즐기고자 하는 사람들을 위해 경의선 숲길의 하이라이트라 할 수 있는 가좌역 구간부터 소개하지만, 조용한 산책을 원한다면 반대쪽인 효창공원에서 시작하는 것도 좋다. 구간별로 풍경과 분위기가 다르므로 자신이 원하는 구간만 선택해 걷도록 하자.

산책 전 알아 두세요!

경의선 숲길은 경의선 위로 난 산책로라 걷다가 아이가 지치면 가까운 교통편을 이용해 쉽게 이동할 수 있다. 가좌역–홍대입구역 구간은 사람이 많으니 오전에 찾는 것이 좋다.
중간중간 차도를 만날 수 있으니 주의하며 걷도록 하자.

✪ 경의선 숲길은 아파트와 마을이 함께 어우러져 있는 공간이기 때문에 주민들에게 피해가 가지 않도록 이용해야 한다.

- GUIDE -

경의선 숲길

가좌역
③
②
④
① 가좌역
가좌역
1번 출구
사천교
삼거리
궁동공원

경의선
숲길 시작

연남동
주민센터

Soi연남

흥익한의원
트래블메이커
빵꼼마
달달한작당

홍대입구역 3번 출구
지하도 이용
4번 출구

KT
신촌지사

흥대입구역
경의선
책거리

서교초등학교
커피프린스
1호점

횡단보도
신촌연세병원

흥익대학교
서울캠퍼스

서강쌍용예가
아파트

유도공원

밤섬

서대문
독립공원

경희궁

연세대학교
신촌캠퍼스

경기대학교
서울캠퍼스

추계예술
대학교

이화여자
대학교

서울역

서강대학교

카페 기호

마포경찰서

대흥역

서울디자인
고등학교

횡단보도

라꾸르1912

공덕파크자이
아파트

마포롯데캐슬
아파트

효창공원

숙명여자대학교
제1캠퍼스

마포태영
아파트

고양이부엌

횡단보도

공덕역

효창운동장

염리초등학교

SOIL

신공덕래미안
1차아파트

효창동
주민센터

마다가스카르

이마트

우스블랑

용마루고개

남영

마포역

횡단보도

효창공원앞역

경의선 숲길 끝

서울의 센트럴파크
가좌역 – 홍대입구역(연남동)

뉴욕에 센트럴파크가 있다면 서울엔 연트럴파크가 있다? 가좌역에서 시작해 홍대입구역까지의 1km 구간은 천천히 걸어도 20분이면 충분히 즐길 수 있는 아름다운 산책로이다. 젊은이들이 많은 홍대역과 달리 가좌역 쪽 주택가에는 꽤 너른 잔디 마당도 있고 아파트와 큼직한 나무 그늘 숲이 한낮의 햇볕도 피할 수 있게 해 준다. 개울가에 물도 흘러 아이들에게는 더할 나위 없는 놀이터 역할을 한다.

코스 소개   트래블메이커 ⋯ 빵꼼마

경의선 가좌역과 만나는 연남동의 북쪽 끝, 가장자리부터 숲길이 시작된다. 가좌역 1번 출구에서 경의선 숲길 입구까지의 거리는 약 500m, 천천히 걸어도 10분 이내의 거리다. 경의선 숲길 산책로의 시작 혹은 끝이라 할 수 있는 이 구간은 쉬어갈 수 있는 넓은 잔디와 물길이 있어 경의선 숲길 전 구간 중 가장 아름다운 풍경을 품고 있다. 특히 여름에는 시원한 물장난이 가능해 아이들이 매우 좋아한다.

홍대역으로 다가갈수록 길의 분위기는 사뭇 달라진다. 홍대풍의 카페들이 하나둘 등장하고 어느덧 상업화된 거리의 한가운데를 걷게 된다.

코스 매력 포인트

흐르는 물에 발을 담그고 놀 수 있는 환경이 도심에는 많지 않아 더욱 특별하다. 아이들은 풀밭을 뛰어다니거나 징검다리를 건너고 도심 속 작은 자연을 즐길 수 있다.

산책 전 알아 두세요!

큰 소리로 떠드는 이들의 소음 때문에 인근 주민들이 힘들어 한다고 하니 소음에 특히 주의하자.

교통편　2호선·공항철도·경의중앙선 홍대입구역 3번 출구 / 경의중앙선 가좌역 1번 출구 도보 10분

1 스팟

여행자를 위한 미국식 아침식사

트래블메이커

트래블메이커는 미국식 아침 식사를 즐길 수 있는 패스트푸드 브런치 카페다. 주변에 외국인을 대상으로 한 게스트하우스가 많다 보니 이른 아침부터 서울 여행을 떠나는 여행자들의 방문이 끊이지 않는다. 잠시 앉아 있어도 여행의 기운을 물씬 느낄 수 있다. 메뉴도 팬케이크, 토스트류의 간단한 미국식 패스트푸드가 대부분이다. 이른 아침 연남동 산책을 시작한다면 이곳에서 아침식사를 해 보자.

위치 | 서울특별시 마포구 동교동 152-7
전화번호 | 02-338-1545
영업시간 | 평일 08:00-24:00 / 금~토요일 07:00-24:00 / 일요일 07:00-23:00
페이스북 | https://www.facebook.com/CafeTravelMaker

2 스팟

건강한 빵집
빵꼼마

필리핀산 유기농 재료를 사용하는 빵집이다. 빵과 함께 판매하는 음료 또한 착향, 착색제가 들어가지 않은 시럽을 사용해 건강함을 추구한다. 1층은 빵꼼마(베이커리), 2층은 본주르(카페)로 운영된다. 1층에서 구매한 음식을 2층 본주르에서 먹을 수 있으니 1층 자리가 넉넉지 않다면 2층으로 올라가도록 하자.

위치 | 서울특별시 마포구 동교동 153-32
전화번호 | 02-322-4469
영업시간 | 매일 10:30-23:00

COURSE 01

가좌역 –
홍대입구역
(연남동)

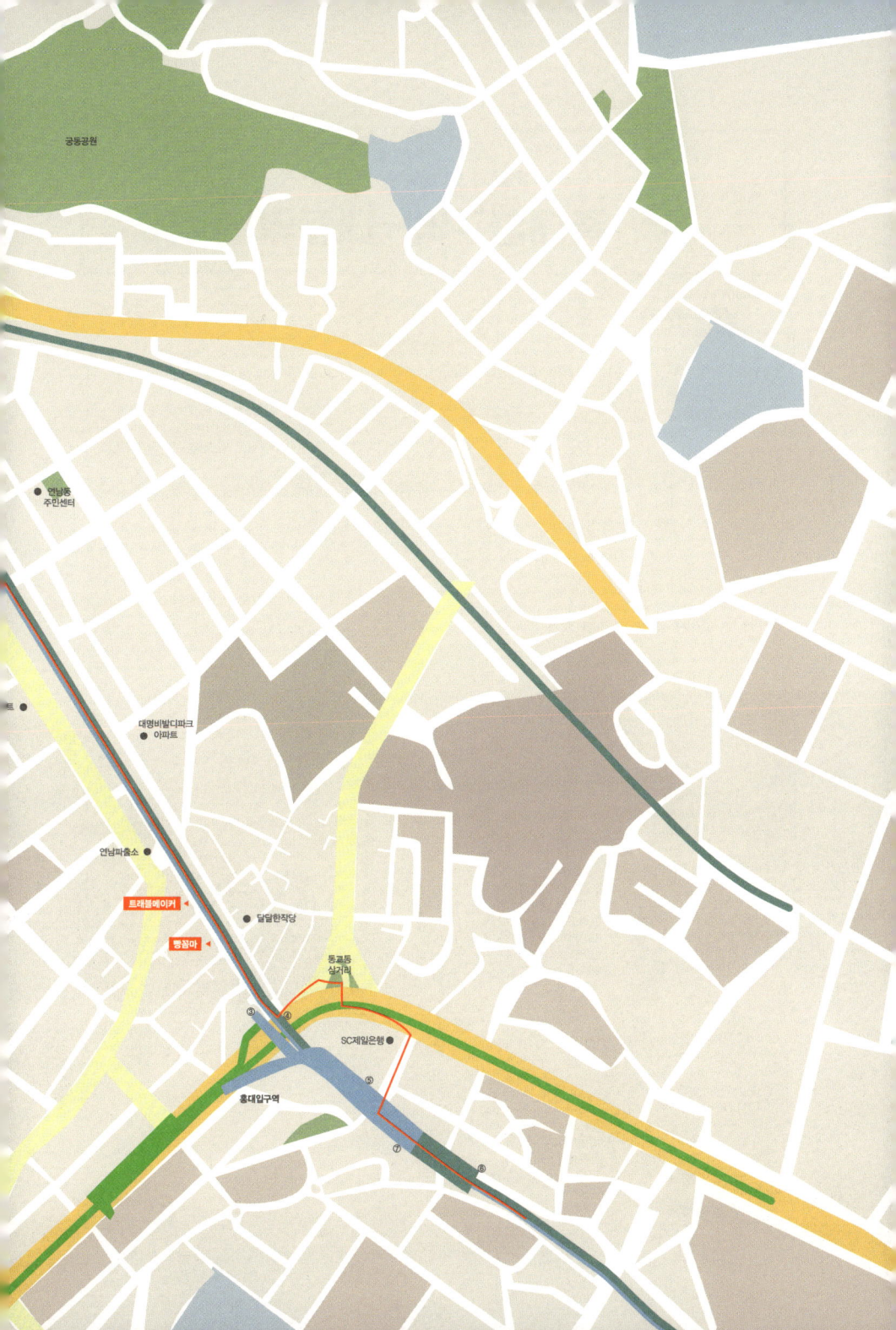

궁동공원

연남동
주민센터

대명비발디파크
아파트

연남파출소

트래블메이커

빵꿈마

달달한작당

동교동
삼거리

SC제일은행

홍대입구역

문화가 함께하는 거리
홍대입구역 – 대흥역

홍대입구역에서 대흥역 구간은 홍대와 신촌의 상권이 만나고 홍대와 서강대, 연세대 등 대학들이 밀집된 구간인 만큼 2-30대의 젊은이들이 많이 찾는 곳이다. 유흥가가 밀집된 곳이긴 하지만 최근 경의선 책거리가 오픈되며 젊은이들은 물론, 부모와 아이에게도 많은 기대와 주목을 받고 있다. 경의선 책거리에는 출판사들이 책을 판매하는 공간과 저자와의 만남, 강연 등 책과 관련된 다양한 문화 프로그램이 열리고 있다.

코스 소개 경의선 책거리 ┈▶ 카페 기호

기차가 다니던 노선을 따라 만든 공원이라
폭은 넓지 않지만 산책로로써는 더없이 훌륭
하다. 책에 관한 다양한 이벤트와 설치물도
만날 수 있고 오래 전 기차역을 재현해 놓은
와우교 밑에서 기념사진을 담을 수도 있다.
홍대입구역부터 줄곧 번화가 사이를 걷다가
서강대역 큰 길을 건너면 서강대학교로 이어
진다. 인근에 대학교가 있어 학생들이 많이
눈에 띄지만 홍대의 시끌함과는 대조적인 풍
경이다. 대흥역으로 다가갈수록 호젓한 주택
가의 풍경이 눈에 담긴다.

코스 매력 포인트

유동인구가 많은 힙한 지역 홍대와 신촌 사이
를 가로지르는 경의선 숲길은 지금보다 앞으
로가 더 기대되는 구간이다.

산책 전 알아 두세요!

크고 작은 차도를 자주 만나는 코스이므로 차
량 통행에 주의하자. 서강대역 이후의 산책 코
스는 대체로 주택가 사이로 난 평범한 산책로
다. 끝까지 걷기가 부담된다면 지하철을 타고
공덕역으로 이동하는 것도 좋다.

교통편

2호선·공항철도·경의중앙선 홍대입구역 6번 출구로
나가거나 8번 출구를 이용하자.

1 스팟 | 책과 함께 놀자! 경의선 책거리

경의선 숲길의 명소 '경의선 책거리'는 홍대입구역 6번 출구에 있다. 경의선 숲길을 달리던 옛 기차를 연상케 하듯 기차 모양의 책 부스가 좌우로 놓여져 있다. 책 부스는 여행 산책, 예술 산책, 아동 산책, 문학 산책, 테마 산책, 창작 산책, 미래 산책 등의 카테고리로 운영되고 있다. 부스 안에서는 다양한 책들의 전시와 책과 관련된 프로그램을 진행하고 있다. 요일별로 주제를 정해 저자와의 만남, 강연, 북 콘서트, 공연 등 전문적인 프로그램을 진행하니, 홈페이지를 참고해 참여하여 보도록 하자.

전화번호 | 02-324-6200
운영시간 | 화요일~일요일 11:00−20:00 / 월요일 휴무
홈페이지 | http://cafe.naver.com/gbookstreet

 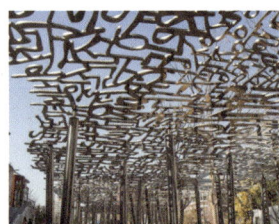 

2 스팟 | 경의선 옆 벽돌집
카페 기호

경의선 숲길과 서강대가 만나는 도로에서 만날 수 있다. 길로 난 창이 커 낮에는 햇살이 들고 밤에는 조명이 은은해 보기 좋은 카페다. 음료뿐 아니라 샌드위치와 샐러드 등 간단한 식사도 가능하다.

위치 | 서울특별시 마포구 신수동 81-22 1층 서강선재
전화번호 | 02-701-7155
영업시간 | 매일 11:00-23:00

COURSE 02

홍대입구역
- 대흥역

동교동
삼거리

③ ④

SC제일은행

홍대입구역

⑤

⑦ ⑥

경의선 책거리

산울림소극장

커피프린스1호점

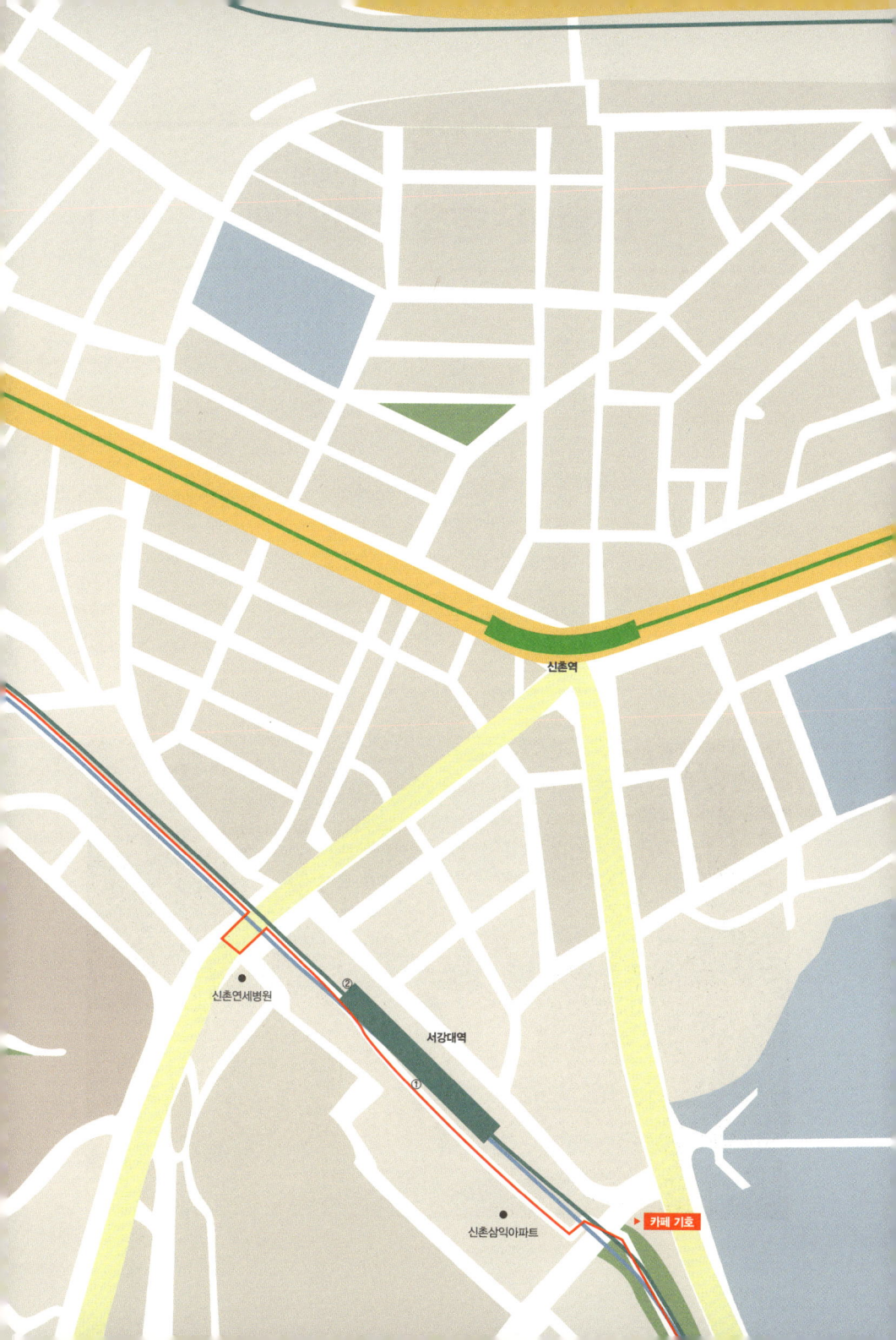

신촌역

신촌연세병원

②

서강대역

①

신촌삼익아파트

▶ 카페 기호

직장인과 주민의 걸음이 어우러진
대흥역-효창공원앞역

마포 대흥역에서 공덕역까지의 경의선 폐철도 구간 760m는 주로 마을 주민과 인근 직장인의 산책로로 인기가 많다. 중간중간 쉬어갈 수 있는 벤치도 있어 책을 읽거나 대화를 나누거나 반려견과 산책을 즐기는 이들의 한가로운 모습을 볼 수 있다. 평일 점심시간이면 마치 여의도 공원을 방불케 하듯 주변 직장인들로 거리가 가득 찬다.

공덕역을 지나면 용마루라 불리는 언덕이 나온다. 경의선 숲길 전 구간 중 유일한 언덕이다. 공덕역에서 효창공원역 쪽으로 이 언덕을 넘으면 멀리 효창공원 쪽까지 풍경이 시원하게 내려다보인다.

코스 소개   라꾸르 1912 ⋯▶ 고양이부엌 ⋯▶ 우스블랑 ⋯▶ 마다가스카르

코스 매력 포인트

공덕에서 용마루 언덕을 넘어가는 길의 뷰
가 시원하다.

산책 전 알아 두세요!

공덕역에서 경의선 숲길은 빌딩들이 서 있
어 긴 구간으로 분리되어 있기 때문에 길을
찾기가 어렵다. 따라서 다음과 같이 이동하
도록 한다. 5호선·6호선·공항철도·경의중
앙선 공덕역 1번 출구로 들어가 7번 출구로
나와서 직진하면 이마트가 보인다. 이마트가
있는 대우 월드마크마포 건물을 지나 오른
쪽으로 들어가면 효창공원으로 향하는 경
의선 숲길을 만날 수 있다.

교통편

경의선 숲길 대흥역 구간은 6호선 대흥역, 6호선·
경의중앙선 효창공원앞역 3, 4, 6번 출구

1 스팟 good

베트남 전통 음식을 느끼고 싶다면
라꾸르 1912

한옥 분위기의 인테리어가 돋보이는 베트남 전통 음식점이
다. 홀 중앙 천장은 투명 유리로 되어 있고 내부에는 기와
가 인테리어 되어 있다. 점심시간에는 런치 가격이 적용되
어 주변 직장인들에게 인기가 많기 때문에 늘 기다리는 사
람이 많은 편이다.

위치 | 서울특별시 마포구 염리동 159-7
전화번호 | 02-702-1912
영업시간 | 매일 11:30~22:00 Lunch 11:30~14:30
　　　　　　 Break Time 15:00~17:00 Last Order ~21:00까지

2 스팟

즉석 떡볶이집
고양이부엌

깔끔한 즉석 떡볶이 체인점이다. 마포점이 특별한 이유는 경의선 숲길에 있기 때문이다. 떡볶이는 2인 혹은
3인에 각종 사리를 함께 주문하면 된다. 맵기의 종류는 세 가지인데 중간 맵기도 어린아이에겐 자극적일
수 있어 짜장으로 하는 것이 좋다. 평일 점심시간에는 인근 직장인들이 많이 찾아 줄을 서기도 한다.

위치 | 서울특별시 마포구 염리동 161-5 103호
전화번호 | 02-702-3089
영업시간 | 평일 10:30~22:00 / 주말 • 공휴일 12:00~22:00 / 명절 연휴 휴무
홈페이지 | http://www.catkitchen.co.kr/

3 스팟 | 구수한 빵냄새가 일품!
우스블랑

곰 캐릭터가 매력적인 우스블랑은 효창동 빵집이다. 우스블랑의 뜻은 프랑스어로 북극곰을 의미한다. 가게 안에 들어서기 전부터 풍기는 구수한 냄새는 없던 식욕도 자극한다. 1층은 빵집, 2층은 카페라 구매한 빵을 커피와 함께 맛볼 수 있다. 1, 2층 모두 오픈 키친으로 되어 있으며, 창문도 예쁘고 인테리어도 멋스럽다. 도심에서 떨어져 한적한 시간을 보내고 싶다면 찾아가 보자.

위치 | 서울특별시 용산구 효창동 5-51
전화번호 | 02-706-9356
영업시간 | 매일 08:00-20:00 / 명절(설, 추석) 당일만 휴무

4 스팟 good | 독특한 인테리어가 시선을 끄는
마다가스카르

사진가 신미식씨가 운영하는 갤러리 카페이다. 카페 안에는 다양한 인테리어 소품은 물론 전화부스 박스와 자동차까지 전시되어 있다. 자동차는 마다가스카르에서 실제 택시로 운행중인 차를 들여왔다고 한다.

✪ 마다가스카르는 경의선에서는 조금 멀리 떨어져 있다.

위치 | 서울특별시 용산구 청파동3가 132-22 아람빌딩
전화번호 | 02-717-4508
영업시간 | 매일 10:00-23:00 / 명절 휴무
홈페이지 | www.madagascarlove.com

서강대역

서강대학교

COURSE 03

대흥역 –
효창공원앞역

대흥역

① ②
④ ③

횡단보도

서울디자인
고등학교

▶ 라꾸르 1912

공덕파크자이
아파트

▼
고양이부엌

마포역

효창운동장

효창동
주민센터

국민은행

마다가스카르

우스블랑

금양초등학교

공덕역

S-OIL

이마트

용마루고개

효창파크
푸르지오

효창공원앞역

후원자
감사 메시지

얼마 전, 신학기를 맞아 아이의 책장을 정리하던 아내는 한가득 정리된 상자에서
몇 권의 책을 만지작거리더니 애써 비운 책장에 다시 올려놓더군요.
아이와 추억이 담긴 책을 도저히 못 버리겠다는 것이었습니다.
책은 디지털 미디어에 비해 효율성이 떨어집니다. 특히 여행 정보를 소개하는 콘텐
츠는 책보다 블로그가 효율적입니다. 취재를 마친 가게가 사라지면 블로그는 업데
이트할 수 있지만 인쇄를 마친 책은 방법이 없습니다. 하지만 되돌릴 수 없는 아날
로그적인 한계가 곧 매력이 될 수 있다고 생각했습니다.
시간이 지나면 신선함을 유지할 수는 없어도 낡은 일기처럼 그 시절의 추억을 보
듬어 주는 존재가 되어 주기 때문입니다. 마치 사춘기 시절 마음을 흔들던 시집
한 권을 버리지 못하고, 너덜너덜해져 걸레가 되어도 20대 시절 유럽 여행을 함께
한 두꺼운 여행책을 버리지 못하는 것처럼….

탁구의 룰도 모르고 라켓을 처음 잡아 본 아이처럼 시원하게 스윙을 했습니다.
북펀딩이 뭔지도 모르고 겁도 없이 시작했는데 여러분의 도움으로 '성공'했습니다.
다음 명단은 이 한 권을 위해 2년 간의 기다림을 후원해 주신 분들입니다.
부디 여러분의 추억이 묻어나는 책이 되기를 바랍니다.

어준선 신동철 김도균 이지숙 나은빈 정창균 염재승 이지혜 이월란 허준행 원순규 차수현 이상명 최주희 강윤화 강호근 변혜린 정현하 나단국어학원 강지은 유소영 이기태 김민수 조소연 이재영 정희준 양성준 조은선 양수영 김두남 김형수 권인박 이일선 박문경 송재일 박지현 김미선 남궁희 송성용 안영미 노형래 윤선애 나세정 권유진 한선준 정주환 이문기 고은경 손문경 이광수 이민호 김분희 서경석 김현미 이유진 안상우 이현주 김수진 임연정 이미희

이지연 오은엽 문정원 정석완 이경화 송치열 이현표 온은주 박예준 김채린 최희윤 오혜경 이상덕 이민지 유종수 백희정 이동국 김태균 우상훈 이은주 정태원 유승훈 김선미 진강언 김미경 김숙희 전재훈 김연욱 류영선 곽자향 한광희 김준수 최연욱 이주연 김경윤 황주영 김성준 김영숙 서충현 이주용 이하영 문선영 김문경 홍순도 부보경 배보건 전혜진 조성주 최유나 김형우 지혜종연 김솔 신혜지 배성종 문롱식 박진오 김성식 강승호 김현진 김나롬 이교은 정윤기 김도균 임다온 김시현 석한 석현 석준 김성욱 최욱진 장재연 이현정 한명희 최민제 김장진 박은영 전선영 박소라 아영현우아빠 김은경 길림 장성욱 권해영 권도연 김수현 차은수 박진호 유승호 최현수 정종훈 정원희 오윤경 원아영 승우연우 박지영 고수의 한지영 최수아 우정민 김용남 박현상 이보희 하재용 이현주 우상진 김나은 나혜원 김종복 차유용 류재룡 서동희 허은오 이창준 윤송현 오진용 남서우 정영우 이창복 김혜영 연재희재 아빠 김진혜 박은경 민동훈 김나리 제갈승환 박은희 김현빈 박영란 권순지 임정현 이수현 최수진 이소망 박찬미 윤민지 최정욱 이청아 수규미나 권철주 이혜영 오서랑 권순화 안민영 장지선 김미영 윤대원 이진성 홍수정 오선민 이승환 박상윤 유현지 김예신 리키 최미나 오영은 최선호 퍼기 Lovefall2010

아이와 거닐記 × 그림 작가

'아이와 거닐記'는 많은 그림 작가 분들의 도움과 함께 했습니다.
특별히, 네이버 웹툰 '마루한'을 연재 중이신 박성우 만화가의 도움으로
조금 더 다양한 콘텐츠를 시도해 볼 수 있었습니다.
또한 표지 일러스트를 그려주신 toycat 님의 그림 감사 드립니다.
또한 개성 있는 작품을 가진 김나훔님, 최일룡님, 정승빈님, 하정님
각기 다른 개성과 스타일을 가진 작가님들의
도움과 함께할 수 있어 영광이었습니다.

아이와 거닐記

1판 1쇄 발행   2017년 10월 25일
1판 2쇄 발행   2017년 11월 18일

저   자 | 표현준
발행인 | 김길수
발행처 | 영진닷컴
주   소 | (우)08505 서울시 금천구 가산디지털2로 123
　　　　　　월드메르디앙 벤처센터 2차 10층 1016호
등   록 | 2007. 4. 27. 제16-4189

ⓒ2017. (주)영진닷컴

ISBN | 978-89-314-5674-5

http://www.youngjin.com

아이와 거닐記
산책
일기장

상암지구

월   일 〰〰〰〰〰〰〰〰〰〰〰〰〰〰

홍대

월　　일 ∼∼∼∼∼∼∼∼∼∼∼∼∼∼∼∼∼∼∼∼∼

상수동 / 합정동

월   일   〜〜〜〜〜〜〜〜〜〜〜〜〜〜〜〜〜〜〜〜〜〜〜〜〜

연남동

월   일 ～～～～～～～～～～～～～～～

연희동

월   일 〰〰〰〰〰〰〰〰〰〰〰〰〰〰〰

서대문 안산

정동

월   일   ～～～～～～～～～～～～～～～～～～～～

시청/광화문

월   일   ～～～～～～～～～～～～～～～～～～

서촌

월   일

북촌(삼청동-가회동)

월   일 ~~~~~~~~~~~~~~~~~~~~~~~~~~~~~~

성북동

월   일 ～～～～～～～～～～～～～～～～～～～

동대문

월   일 ~~~~~~~~~~~~~~~~~~~~~~~~~~~~~~~~~

경리단길 - 회나무길

월   일 ～～～～～～～～～～～～～～～～～～～～～

이태원

월   일   ～～～～～～～～～～～～～～～～

_____

_____

_____

_____

_____

_____

_____

_____

_____

_____

_____

_____

_____

_____

여의도

월　　일 ～～～～～～～～～～～～～～～～～

난지 한강공원

월   일 ~~~~~~~~~~~~~~~~~~~~~~~~~~

반포대교 • 한강 잠수교

월   일 〜〜〜〜〜〜〜〜〜〜〜〜〜〜〜〜〜〜〜〜〜〜〜〜〜〜〜〜

마포 한강변 산책로

월　　일　〰〰〰〰〰〰〰〰〰〰〰〰〰〰〰〰

인왕산 구간

월   일   ～～～～～～～～～～～～～～～～～～～

부암동

월 　　일 　～～～～～～～～～～～～～～～～～～～～～～～～～～

계동·원서동

월　　　일　～～～～～～～～～～～～～～～～

북악산 구간

월   일 ～～～～～～～～～～～～～～～～～～～

낙산 구간과 이화동

월   일 ～～～～～～～～～～～～～～～～～

재미로

월   일 〜〜〜〜〜〜〜〜〜〜〜〜〜〜〜〜

N서울타워

월　　일 　〰〰〰〰〰〰〰〰〰〰〰〰〰〰〰〰〰

남산공원

월   일 ～～～～～～～～～～～～～～～～～～

남산 산책로

월 일 〰〰〰〰〰〰〰〰〰〰〰〰〰

가좌역-홍대입구역(연남동)

월   일

홍대입구역 – 대흥역

월   일 ～～～～～～～～～～～～～～～～～～～～～～～～

대흥역 - 효창공원앞역

월   일   ～～～～～～～～～～～～～～～～～～～～～

도서 속 스팟을 찾아가 스탬프를 찍어서 보여 주세요!

이벤트 기간 : ~2017. 12. 31. 참여까지 유효

― **참여 방법** ―

❶ 지정된 장소에 방문하여 스탬프를 찍어 주세요.

❷ 자신의 SNS에 그동안 찍은 스탬프 사진과 **#아이와거닐기** 해시태그를 함께 올려 주세요.

❸ 영진닷컴 블로그에 방문하여 비밀 댓글로 **성함/연락처/스탬프 사진을 올린 URL**을 알려 주세요.

❹ 선착순으로 제공되는 외식 상품권(10만 원권)/치킨/커피 기프티콘을 받으세요!

서촌 ohooCafe
01

서촌 묵인오락실
02

서촌 더북소사이어티
03

상수/합정 즐거운 작당
04

계동·원서동 삐라디북스
05

계동·원서동 노란벽 작업실
06

연남동 헬로인디북스
07

연남동 사이에
08

자세한 내용은 영진닷컴 블로그에서 확인해 주세요! http://blog.naver.com/ydot

MEMO